THÉORIE PHYSIQUE

DE L'AUDITION

THÉORIE PHYSIQUE

DE L'AUDITION

THÈSE

PRÉSENTÉE AU CONCOURS POUR L'AGRÉGATION

(Section des Sciences physiques)

ET SOUTENUE A LA FACULTÉ DE MÉDECINE DE PARIS

Le 16 Février 1876

PAR

L.-A. GARRAN DE BALZAN,

Docteur en médecine, Pharmacien de 1ʳᵉ classe,
Licencié ès-sciences physiques, etc.

PARIS

LIBRAIRIE J.-B. BAILLIERE ET FILS
Rue Hautefeuille, 19, près le boulevard Saint-Germain

—

1876

THÉORIE PHYSIQUE

DE

L'AUDITION

INTRODUCTION

L'*audition* ou *action d'entendre* est le fait de la perception d'un son par le sens de l'ouïe.

L'origine première de tous les sons est une série de mouvements alternatifs et quelconques, reproduits après des intervalles de temps égaux, et très-rapprochés, par les molécules d'un corps élastique quelconque, solide, liquide ou gazeux.

Par suite d'une extension abusive, mais commode du langage, on dit souvent qu'un corps rend un son, comme si un corps pouvait être sonore par lui-même, confondant ainsi l'effet et la cause.

Dans des conditions que nous aurons à déterminer, il peut le devenir, et il le devient en effet si la connaissance de son existence nous est donnée par l'oreille.

Cette connaissance peut se faire à distance, et montre l'immense importance de l'audition qui est la base
de la musique et du langage, mais il importe de remarquer que l'on peut entendre un son par suite d'une
excitation quelconque du nerf du sens de l'ouïe : *le nerf
auuilif* sans que l'existence d'aucun mouvement vibratoire soit nécessaire à cette sensation.

De même que tous les organes des sens, l'organe de
l'ouïe peut être affecté par différents agents, tels que
des excitations mécaniques, électriques, etc., ou par
suite d'un état pathologique, et même physiologique.

Réciproquement il est bien évident qu'un corps peut
vibrer sans donner la sensation du son : soit parce que
ces vibrations ne sont pas dans les conditions physiques
voulues pour produire un son, étant trop lentes ou trop
rapides, soit parce que leur transmission ne s'effectue
qu'imparfaitement ou pas du tout jusqu'à notre oreille,
soit enfin parce que l'état physiologique ou pathologique
de l'ouïe ne permet pas de les *entendre.* Il y a plus, l'o-
reille peut même les sentir sans pour cela les entendre.

Un coup de canon ébranle les vitres d'une salle, et
peut même les briser — un sourd ressentira cet ébranlement et son tympan peut être lacéré.

Et malgré tout on ne peut dire qu'il ait *entendu* le son.
De même un aveugle-né reconnaît au toucher certaines
couleurs artificielles, mais il n'a pas plus la notion de
la couleur qu'un sourd n'a celle du son, ainsi la cause
physique du phénomène sonore doit être entièrement
distinguée de l'effet physiologique produit. — Le pre-

mier phénomène est objectif, le second subjectif.—Prévenu contre cet égarement, nous pourrons continuer à dire, vibrations sonores, corps sonores, tuyaux sonores, réflexion et réfraction du son, etc., au lieu de désigner les oscillations de ces corps élastiques susceptibles d'être entendues.

Les mouvements alternatifs et rapides des corps étant la cause première de l'audition, nous devons en dire quelques mots, sans insister d'ailleurs, autrement que pour montrer leurs corrélations avec l'audition.

Puis nous chercherons quelles sont les causes physiques et mécaniques qui permettent aux sons de pénétrer dans l'oreille et de se transmettre au nerf auditif avec la variété infini de ses modulations.

Toujours étudiées dans ses rapports avec la sensation auditive, notre oreille ne cessera de nous servir de guide, soit pour étudier la mécanique de ces sons dans leurs productions et leur propagation, soit surtout pour rechercher les causes mécaniques de leurs qualités auditives, qui donnent à ce sens merveilleux le pouvoir de sentir à distance leurs plus petits frémissements.

Une fois le son transmis aux derniers éléments anatomiques, nous n'aurons plus à rechercher ce qu'il devient, ni comment et pourquoi cet ébranlement mécanique sera devenu la sensation spéciale qu'on appelle *audition*.

Production du son.

Lorsqu'un corps élastique quelconque est écarté de sa position d'équilibre il tend à y revenir; la dépasse et en vertu de sa vitesse acquise, arrive jusqu'à un point symétrique du premier; puis son élasticité agissant à nouveau, il revient sur lui-même et oscille ainsi pendant longtemps.

L'œil peut concourir à la perception de ces oscillations, quoiqu'il ne puisse les distinguer nettement, confondant toutes ces positions successives à cause de la persistance des impressions lumineuses sur la rétine.

Si l'on prend une corde de violon blanchie à la craie et si on la fait vibrer au-dessus d'un fond noir, on voit un ou plusieurs fuseaux se dessiner, dont le renflement semi-transparent est l'indice de la vibration.

Le laryngoscope nous permet aussi de voir les cordes vocales vibrer.

D'ailleurs si ces oscillations sont assez lentes, l'œil peut les suivre, mais l'oreille ne les entend plus.

Le tact permet aussi de constater, sans le secours de de la vue ni de l'ouïe, l'état oscillatoire d'un corps sonore.

Rien de plus facile à comprendre d'ailleurs quand on se rappelle les expériences de physique qui consistent à faire sauter un chevalet de papier par les vibrations d'une corde; ou les soubressauts d'une bille placée sur le rebord d'un timbre, qui sonne, ou encore le sautillement du sable semé sur une membrane mince et introduite en différents points d'un tuyau que l'on fait *parler*.

Mais un des moyens les plus simples et qui montre le mieux l'existence de ce mouvement vibratoire est de le faire tracer par le corps sonore lui-même en l'armant d'une pointe fine et légère qui enlève le noir de fumée, préalablement déposé sur une plaque de verre mise en mouvement.

On obtient ainsi une ligne ondulée dont l'étude rend les plus grands services dans l'analyse des mouvements des corps sonores.

(1) On attribue généralement à Duhamel (1840) la découverte de la méthode graphique. Toutefois, dès 1734, Ons-en-Bray décrit un auréanographe écrivant sur une feuille de papier enroulée autour d'un cylindre.

En 1785, Changeux publia la description d'un barométrographe. Huit autres instruments du même genre furent imaginés peu après.

Avant 1794, Rutherford publiait la description d'un thermométrographe écrivant avec une pointe sur une bande de papier.

Watt avait imaginé d'enregistrer sur un cylindre tournant les variations de tension de la vapeur aux différents instants de la course du piston des machines à feu.

Enfin Thomas Young (1807), décrit un appareil dont les courbes graphiques n'étaient plus limitées, qui, composé comme celui de Duhamel, avait un cylindre vertical auquel on pouvait imprimer simultanément un mouvement de rotation et un mouvement vertical (mouvement d'hélice). Et il ajoute : « Cet instrument peut servir à mesurer le nombre des vibrations des corps sonores en leur appliquant un style qui décrira un tracé ondulé sur le cylindre. Ces vibrations peuvent servir aussi d'une manière bien simple à mesurer de minimes intervalles de temps ; car si l'on fait vibrer un corps dont les vibrations ont une certaine fréquence pendant que le cylindre tourne, et qu'on fasse marquer ses vibrations sur le cylindre, ces traces constitueront un index correct du temps occupé par une partie de la révolution, et le mouvement d'un corps quelconque peut être comparé avec le nombre des alternations

Ainsi les molécules des corps ne reviennent pas instantanément à leurs positions d'équilibre lorsqu'on supprime la force qui les en avait écartées ; mais, de part et d'autre de cette position, elles exécutent des oscillations isochrones ; l'espace parcouru entre deux positions successives où la vitesse est nulle, se nomme *l'amplitude* et va sans cesse en diminuant .

Les frottements moléculaires des corps vibrants dissipent la force vive sous forme de chaleur ; mais cette force est surtout communiquée sous la même forme vibratoire aux corps environnants.

Ce mouvement est en tout comparable à celui d'un pendule.

En général, à cause de la faible amplitude des oscillations, il peut être considéré comme isochrone, malgré la diminution successive de l'amplitude. Le mouvement d'un pendule cycloïdal de Huyghens très-court est identique à celui des vibrations sonores.

Etudions donc d'abord le mouvement d'un pendule.

Ecarté de sa position d'équilibre, la pesanteur tend à l'y ramener ; mais en tombant il acquiert une certaine vitesse qui lui fait dépasser son but, et il remonte bientôt jusqu'à un niveau égal à celui dont il était parti. — Il a alors effectué une oscillation simple. Aussitôt il retombe et la même cause le fait revenir à son point de départ. Il a alors effectué une oscillation double, puis, il recommence, et si rien ne l'arrête dans son mouvement il oscille ainsi indéfiniment.

marquées pendant le même temps que le corps vibre.» (Marey. Revue des Cours scientifiques, et séance Société physique, 1874.

Pour avoir de suite une idée exacte, et d'un seul coup d'œil, de cette oscillation, confions-lui le soin de tracer lui-même sa trajectoire ; fixons à un pendule une fine pointe s'appuyant légèrement sur une plaque enfumée.

Mettons-le en mouvement et pendant ce temps imprimons à notre plaque une translation uniforme perpendiculaire à la trajectoire de la pointe. Notre stylet tracera un mince sillon transparent dans le noir de fumée, et une courbe sinueuse et régulière sera dessinée.

Cette courbe n'est autre que la sinusoïde des géomètres.

On peut en déduire la vitesse à un mouvement donné.

Cette vitesse est donnée par la formule :

$$V = A \sin 2\pi \frac{T}{\tau}$$

A est une constante, T le temps depuis l'origine, τ la durée d'une oscillation. Nous avons dit que le mouvement oscillatoire d'un pendule était le même que celui d'un corps sonore, la lame élastique d'un diapason, par exemple. Rien n'est plus facile à démontrer.

Il suffit de comparer les graphiques de ces deux mouvements pour s'en convaincre. Donc faisons vibrer un diapason armé de sa pointe, et convenablement disposé au-dessus d'une plaque enfumée dans les mêmes conditions de mouvement que dans l'expérience précédente. — Il tracera une ligne sinueuse tout à fait comparable à celle qu'avait tracée notre pendule.

Pour en tracer l'axe de symétrie, qui n'est autre que l'axe des temps, il suffit de faire mouvoir la plaque comme précédemment, mais sans faire vibrer le diapason.

Cette image fidèle de son mouvement nous permet de remarquer une grande régularité de la courbe. — A cette forme simple et pendulaire correspond ce qu'on appelle un son pur. — La réunion de deux sinuosités correspond à une oscillation double; son amplitude qui se traduit à notre oreille par l'intensité sonore, est mesurée par la hauteur maximum de la courbe au-dessus de l'axe horizontal (axe des temps). Enfin, en comparant les courbes de plusieurs diapasons vibrants dans les mêmes conditions par rapport à la feuille de papier en mouvement, on sera bien vite convaincu que l'acuité du son ou sa *hauteur* dépend du nombre de vibrations effectuées dans un temps donné.

Intensité, hauteur, timbre, telles sont les trois qualités nécessaires et irréductibles de tout son, que notre oreille puisse nous faire percevoir, et qui se traduisent immédiatement à l'œil en regardant le graphique d'une vibration sonore.

Ce qui frappe tout d'abord c'est le caractère de périodicité. Nous le retrouverions dans toute oscillation sonore.

Dailleurs les mouvements périodiques ne sont pas chose rare; et ils peuvent différer totalement de celui d'un pendule.

Ainsi le forgeron soulève d'abord lentement son marteau, puis il le laisse retomber brusquement. De même et plus exactement, les excentriques donnent des mouvements périodiques. Dans ce mouvement, le mobile repasse périodiquement par les mêmes vitesses. Lorsqu'on scie du bois, la scie est d'abord tirée lentement puis poussée vivement, et cela périodiquement ; en même temps le choc de ses dents contre les particules du bois, lui imprime de petites secousses qui donnent un autre mouvement vibratoire.

Complexité des mouvements vibratoires.

Cette simplicité et cette propriété vibratoire que nous avons observée dans une lame d'acier, ou dans les branches de notre diapason, est loin d'être le cas général, dans les phénomènes sonores. C'est même la grande exception. Très-généralement plusieurs mouvements vibratoires coexistent simultanément. Ce sont même eux qui sont la cause originelle du timbre, ainsi qu'Helmholtz s'est surtout attaché à le démontrer, et nous verrons que notre oreille, par sa disposition anatomique, en fait en quelque sorte l'analyse.

Si l'on écoute attentivement le son que rend une corde de violon, l'oreille distingue bientôt qu'il y en a plusieurs.

Le premier est le plus grave et le plus fort ; on lui donne le nom de son fondamental.

Les autres qui sont plus aigus et plus faibles, sont les harmoniques. — Mais cette dénomination donnée par Sauveur est assez vicieuse, car, s'il est vrai que ces sons surajoutés donnent généralement la sensation musicale dite harmonieuse avec le son fondamental, il arrive quelquefois, au contraire, qu'ils sont tout à fait discordants. — Il vaut donc mieux ne pas préjuger la question et les appeler comme Helmholtz, sons partiels. — Dans tous les cas, il faut se rappeler que le premier son partiel n'est autre que le son fondamental; le deuxième son partiel correspond au premier harmonique, etc.

On a remarqué que ces sons perçus simultanément, étaient harmonieux ou agréables à l'oreille, lorsque les nombres de leurs vibrations étaient dans un rapport simple avec le son fondamental. De telle sorte que, lorsque le son fondamental fait une vibration, les harmoniques en font, 2, 3, 4...

La série des sons harmoniques ou partiels, n'est donc autre que celle des nombres naturels, 1, 2, 3, 4...

On dit que le premier est l'octave du son fondamental; le second, la douzième ou octave de la quinte, etc...

Dans la nature, presque tous les sons sont complexes, et chaque corps qui résonne librement est à lui seul tout un petit orchestre. — Ainsi, Helmholtz n'appelle son *musical* que les sons complexes.

En résumé : 1° la sensation d'un son pur, nous vient des vibrations simples ou *pendulaires.*

2° Un son complexe résulte du mélange d'un certain nombre de sons élémentaires ou *partiels.*

Coexistence des petits mouvements.

Daniel Bernouilli (1737) a montré que ces petits mouvements peuvent se *superposer sans se détruire.* En sorte que, pour avoir à chaque instant la position d'un point matériel, soumis à plusieurs mouvements différents par leurs grandeurs et leurs directions, il suffit d'en composer les vitesses.

Quand on connaît la loi de chacun de ces mouvements, le calcul permet donc de connaître celle du mouvement résultant.

Cette superposition des petits mouvements peut être facilement décelée dans les corps sonores eux-mêmes par la méthode graphique.

La courbe sinueuse régulière qui se traduisait alors à notre oreille par un son simple et pur se couvre de zig-zag, de dentelures plus ou moins arrondies et plus souvent aiguës comme dans le cas du violon ou d'une guitare.

On peut encore mettre cette superposition des petits mouvements en évidence par une expérience de l'illustre physicien anglais Wheatstone.

Il se compose d'une verge métallique, une aiguille à tricoter, par exemple fixée par l'une de ces extrémités dans une masse de plomb, et terminée à l'extrémité libre par une petite perle brillante. Un rayon lumineux tombant sur elle, va former une petite image circulaire.

Qu'on vienne à ébranler la tige, on verra se produire une ellipse, un cercle, une droite, suivant le mode de vibration.

Mais en forçant la tige à rendre un son complexe, on voit l'image lumineuse se compliquer dans sa forme, devenir sinueuse et indiquer ainsi la coexistence des différentes vibrations.

L'étude de ces vibrations se fait encore mieux à l'aide du microscope à vibrations de M. Lissajous.

On suit facilement le fait de la superposition des petits mouvements vibratoires, à la surface des eaux.

Qu'on laisse tomber une pierre à la surface d'une eau tranquille ; elle chasse l'eau tout autour d'elle, et une série de montagnes et de vallées successives et concentriques, vont courir les unes après les autres.

Cette expérience peut donner une idée de la propagation des sons ; mais elle devient surtout instructive si on jette une seconde pierre à une certaine distance de la première.

Une seconde série de cercles concentriques se produit alors, et s'entrecroisent avec les premiers, aux points d'entrecroisements, les montagnes comblent les vallées, et cependant l'œil peut continuer à suivre la propagation de chacune de ces ondes ; de même qu'un bateau à vapeur vienne à passer, il propagera au loin son sillage anguleux. Qu'à cet instant un oiseau vienne à plonger pour sa pêche, il donnera naissance à une série de petites ondes circulaires qui s'entrecroiseront avec les premières sans se détruire.

Il est rare qu'au milieu de toute cette confusion chaotique, l'œil ne parvienne pas à distinguer les divers mouvements partiels avec leurs formes et leur direction particulières.

« Je dois avouer dit Helmholtz (1) que toutes les fois que j'ai pu suivre avec attention ce spectacle, il m'a fait

(1) Helmholtz. Théorie physiologique de la musique, traduit par Guéroult.

éprouver une jouissance intellectuelle toute particulière: ici, l'œil physique perçoit ce que pour les ondes invisibles de l'atmosphère, une longue série de déductions compliquées peut seule expliquer à l'œil intellectuel de l'entendement. »

L'oreille est choquée successivement par toutes ces vagues sonores ; elle les analyse et nous met ainsi en rapport, à distance, avec les moindres frémissements des corps, malgré l'enchevêtrement des vagues sonores.

Au milieu d'un bal, ne distingue-t-on pas nettement tous les sons.

Le froufrou d'une robe dont les ondes fines et serrées ont une longueur de quelques décimètres, s'entremêlent avec les ondes sonores de la voix des hommes qui peuvent acquérir jusqu'à une longueur de plus de trois mètres ; chaque note de l'orchestre envoie ses ondes sphériques, qui se pénètrent les unes les autres, rebondissent sur les parois de la salle, jusqu'à ce qu'enfin elles s'éteignent par les frottements moléculaires.

Malgré cet enchevêtrement inextricable, l'oreille distingue facilement, chaque note, chaque voix, et peut sans effort, suivre leurs modulations.

Bientôt nous rechercherons par quel mécanisme on peut distinguer l'ordre qui règne dans cet enchevêtrement de tous ces petits mouvements périodiques.

Comparaison de la vue et de l'ouïe.

Déjà, nous pouvons faire quelques remarques, sur la comparaison que l'on peut établir entre la perception visuelle et auditive. Elles nous guideront pour établir notre théorie mécanique.

Notre œil embrasse à la fois une grande étendue.

D'après la théorie même de l'optique (celle des ondulations), c'est par un phénomène physique tout à fait comparable à celui de l'audition, que nous avons ainsi connaissance de l'extérieur.

Chacun des points du spectacle qui s'offre à notre vue est, dans cette théorie, considéré comme le centre d'un mouvement oscillatoire qui se transmet jusqu'à notre rétine et y imprime son image.

Mais il faut remarquer que notre œil est constitué de façon à recevoir, en des points différents, toutes ces ondes lumineuses et que leurs longueurs d'onde sont extrêmement petites, puisqu'elles se mesurent par dix millièmes de millimètre.

En est-il de même de notre oreille? Certainement non.

La grande longueur des ondes sonores, qui varie de 15 millimètres à 10 mètres (ondes doubles) ne permet pas de penser qu'il en soit ainsi.

La section transversale du canal auditif ne correspond guère qu'à un seul point de la masse d'air en mouvement. — Le conduit auditif est lui-même trop court pour que la différence de densité de l'air due aux vitesses de l'onde ait une différence sensible en ses différents points. — On sait, en effet, que la distance d'une longueur d'onde sépare toujours deux vitesses égales, et, en particulier, deux maxima ou deux minima. Il suffit, pour le comprendre, de jeter les yeux sur la courbe qu'a tracée notre pendule.

Notre oreille ne sent qu'un point très-restreint de l'espace.

Elle se trouve donc dans une position très - défavorable par rapport à l'œil. Suivant une comparaison d'Helmholtz, elle est dans une situation analogue à celle de l'œil obligé de regarder « à travers un tube étroit un point d'une surface liquide dont il pourrait distinguer l'ascension ou la descente. »

Mais nous allons voir que sa sensibilité spéciale va lui permettre de distinguer deux sons simultanés ; tandis que deux couleurs perçues à la fois par l'œil ne lui donnerait que la sensation d'une seule couleur.

Théorie mécanique de l'audition.

En fait, ces faibles changements de densité de l'air vont suffire pour donner à ce point la connaissance de toutes les variétés infinies des ondes sonores qui s'entre-croisent, et il va lui permettre de les distinguer les unes des autres.

Comment va-t-elle y parvenir ?

Nous avons là des mouvements ; c'est donc en eux que nous devons rechercher la cause. Et la preuve, c'est que des mouvements identiques produisent des sons identiques.

On comprend sans peine qu'une onde simple s'imprimant périodiquement dans des conditions identiques sur ce point restreint de l'espace, et qui est, en quelque sorte unique, relativement à la longueur

d'onde, donne toujours à l'oreille des sensations identiques.

Mais il est plus difficile de concevoir comment il se
fait que l'oreille distingue leurs mélanges et puisse
même en définir si nettement l'espèce.

S'il y a plusieurs mouvements qui s'entre-croisent, il
est évident qu'à un instant donné, chaque molécule est
soumise à des vitesses qui peuvent s'ajouter ou se re-
trancher, suivant qu'elles sont de [mêmes sens [ou de
sens contraires.

En composant les vitesses (règle du parallélogramme),
nous aurons donc à chaque instant, la vitesse résultante
d'une molécule quelconque.

Si donc un certain nombre d'ondes sonores se trouvent répandues dans l'espace, les modifications de vitesse qui leur sont propres, viendront à chaque instant,
s'imprimer sur l'oreille, et auront un effet mécanique
égal à la résultante des vitesses correspondantes aux
mouvements qui leur auront donné naissance.

En réalité, ces ondulations sonores élémentaires et
multiples, que nous supposons provenir de sources différentes sont généralement produites par le corps vibrant lui-même ; en d'autres termes, c'est dans la source
même du mouvement vibratoire que coexistent tous ces
mouvements.

Nous en avons la preuve, soit en nous rappelant l'expérience que nous avons cité de Wheatstone ; soit en
prenant le graphique d'un corps vibrant, tel qu'une
corde de violon, etc.

Il est bien évident qu'un pareil ébranlement va transmettre à l'air ambiant, la complexité de son mouve-

ment; et que son effet pourra être identique à celui produit par plus ieurs corps oscillant séparément. Quelle que soit l'espèce du corps qui a donné naissance à ce mouvement complexe, cherchons à nous en rendre compte.

Fourier a démontré par le calcul, qu'un mouvement complexe, résultant d'oscillations pendulaires, est périodique.

C'est là un point fondamental.

Dans le cas d'une vibration sonore complexe, nous avons appelé harmoniques les sons surajoutés au son fondamental, et qui le rendent complexe.

L'ensemble de ces mouvements partiels peut donc être considéré, à chaque instant, comme étant la somme algébrique de tous ces mouvements, et le théorème de Fournier nous apprend que ce mouvement est alors périodique.

On peut facilement avoir une idée de la coexistence et de la composition de ces mouvements pendulaires, en suspendant deux pendules au-dessus l'un de l'autre.

On forme le premier d'une masse lourde, et on en suspend, au-dessous de lui, un second beaucoup plus léger. — Si celui-ci a une longueur quatre fois moindre que le premier, on voit, en imprimant un mouvement à ce pendule composé, le petit pendule faire deux oscillations, quand le grand en fait une. — Une expérience, tout à fait analogue, peut encore être rendue visible avec deux lames élastiques de longueurs suffisantes superposées. — L'œil peut encore constater l'isochronisme de chacune d'elle et celui de son ensemble.

Nous aurons ainsi l'image des mouvements composés des vibrations de deux sons à l'octave.

Ainsi l'expérience et le théorème de Fourier s'accordent pour démontrer qu'à chaque instant la somme algébrique de deux mouvements pendulaires, est périodique,

Prouvons-le par la méthode graphique.

Prenons un pendule et faisons-le osciller, en lui faisant tracer son mouvement; nous aurons la sinusoïde que nous connaissons..

Prenons un second pendule d'une longueur quatre fois moindre et faisons lui tracer son mouvement dans les mêmes conditions. Les sinuosités seront deux fois plus rapprochées. A l'aide de ces deux courbes, nous pourrons en construire une troisième. Il suffira de prendre sur l'axe du temps, des ordonnées (hauteurs), respectivement égales, en chaque point correspondant, à la somme algébrique de chacune des hauteurs des deux premières courbes.

Cette construction nous donnera pour résultat une courbe, qui sera l'image du mouvement complexe des deux oscillations superposées.

Elle sera périodique; car il est bien évident que cette addition et cette soustraction de hauteur périodiquement les mêmes pour un temps donné, nécessitera la périodicité de la courbe.

La périodicité sera mesurée par l'étendue de la plus grande.

Nous pourrions opérer d'une façon analogue avec des diapasons — l'effet serait identiquement le même, et la courbe résultante serait l'image fidèle des impul-

sions des ondes sonores que reçoit successivement l'o-
reille.

Si, comme pour notre pendule, l'un fait deux oscillations pendant que l'autre en fait une, en les composant graphiquement, comme tout à l'heure, nous aurons identiquement la courbe que donne un son complexe, dont l'harmonique est à l'octave du son fondamental.

Mais il nous reste une remarque à faire : nous nous
sommes placé pour opérer dans des conditions identiques. L'origine du mouvement était la même pour
l'oscillation du long pendule que pour celle du petit.
Faisons maintenant différer les instants où les deux
mouvements pendulaires commencent.

Pour avoir la courbe résultante de cette différence
de *phase*, il n'est même pas nécessaire de recommencer
à tracer nos deux premières courbes. — Il suffira
simplement, pour avoir le graphique de la courbe résultante de déplacer un peu l'une des courbes dans le
sens de son axe.

Or, cette dernière courbe sera évidemment différenté
de celle que nous avons déjà construite mais puisque
ses ordonnées sont la somme algébrique de deux
courbes pendulaires, elle sera encore régulièrement
périodique.

En faisant varier cette différence de phase nous aurons autant de courbes que nous voudrons, toutes très-
différentes les unes des autres, et qui toutes résultant
de mouvements pendulaires, nous offriront ce caractère
spécifique, qu'elles seront périodiques. Fourier a d'ailleurs démontré par le calcul, qu'une vibration quel-

conque, ne peut être décomposée que d'une seule manière, en un certain nombre de vibrations pendulaires.

Nous sommes ainsi amené à remarquer que notre œil en voyant cette variété infinie de courbes provenant de la différence de phase, ne pourra en rien présumer de la simplicité ou de la nature des courbes élémentaires qui lui auront donné naissance.

Là une question s'impose à notre esprit. Notre oreille, recevant ces impressions pendulaires va-t-elle pouvoir distinguer ou non cette différence de phase?

L'expérience nous apprend qu'elle n'y est aucunement sensible.

Que fait donc l'oreille en recevant ces impulsions successives, dont l'image se peint si nettement à nos yeux en courbes résultantes dont la variété est infinie.

Va-t-elle malgré cette complexité infinie, pouvoir apprécier sa forme. Cela semble tout d'abord impossible. Mais tout s'éclaircit et s'explique facilement si elle fait l'opération inverse de celle que nous avons faite, lorsque nous avons composé les vitesses de deux mouvements pendulaires. En recevant ce mouvement périodique elle peut évidemment le décomposer mécaniquement en ses éléments constitutifs et en faire l'analyse. C'est là l'opinion d'Helmholtz et il est difficile ou impossible de comprendre les choses autrement.

Il ne nous reste plus qu'à préciser les relations de ces différents mouvements pendulaires ou complexes par rapport à l'audition.

C'est ce qu'à fait Ohm, si connu de tous les physiciens pour avoir attaché à tout jamais son nom à la théorie des courants électriques.

Il a posé la loi expérimentale suivante :

Une oscillation *simple* ou *pendulaire* peut seule donner naissance à la sensation d'un son *simple*.

Une conséquence immédiate, c'est que les sons simples ou élémentaires que perçoit l'oreille sont toujours le résultat de vibrations pendulaires et qu'alors l'oreille qui perçoit à la fois plusieurs sons simples se comporte de la même façon, soit que ces sons complexes aient pour origine plusieurs sons, soit qu'ils soient produits originairement par une vibration complexe.

Ainsi en dernière analyse, tout dépend des sons pendulaires — chacun de ceux-ci a une forme toujours semblable, et qui ne peut différer que par deux qualités :

1° L'amplitude de leurs oscillations, ce qui répond à l'intensité des sons.

2° Leur rapidité de succession dont dépend la hauteur.

Dans nos exemples sur la complexité des courbes résultant de deux ou plusieurs courbes simples, nous n'avons pas tenu compte de la variation de l'amplitude. Il est évident que cet élément aurait pour effet de les compliquer encore, sans d'ailleurs changer leurs caractères de périodicité, ni même la longueur de cette période.

Aussi trouve-t-on en composant ces courbes que la simplicité et la régularité des courbes composantes, n'influe en rien sur celle de la résultante.

Ces courbes régulièrement sinueuses donnent des courbes résultantes offrant souvent, dans leur constitution périodique des droites et des dents aiguës.

Dans notre exemple nous avons pris le cas le plus simple, celui où l'une des deux courbes avaient des ondulations doubles de l'autre; mais il est évident que notre raisonnement s'appliquerait également aux cas où ce rapport serait au lieu de 1 à 2, celui de 1 à 3, 4, 5.....

D'où on conclura dans notre étude du son complexe, qu'on peut toujours le considérer comme s'il était réellement formé par la succession des sons pendulaires partiels qui le constituent théoriquement.

Il faut remarquer, en effet, que c'est par une conception de l'esprit que nous avons décomposé ce mouvement complexe en une série de mouvements pendulaires.

Rien ne prouve que cette conception théorique soit l'expression de la réalité. — Il nous plait pour répondre à une conception de diviser un espace, un temps, un nombre quelconque en ses éléments constituants, d'une certaine façon — mais il pourrait l'être d'une autre manière. — Par exemple, nous disons que le nombre 16 est formé par 12 et 4, mais on peut dire aussi qu'il est le résultat de 10 et 6, etc.

Ce que nous apprend la théorie de Fourier, c'est qu'il est toujours possible de décomposer un son complexe en un certain nombre d'autres.

Notre oreille peut donc réellement l'effectuer, mais cela ne prouve pas qu'elle l'effectue réellement.

Sans doute Ohm est venu donner un solide appui à cette conception en montrant expérimentalement que

les sons simples et pendulaires pouvaient seuls donner la
sensation d'un son simple. — Si l'oreille distingue
plusieurs sons simples (sons partiels), dans un son
complexe, c'est donc qu'elle est constituée anatomique-
ment pour faire mécaniquement cette analyse d'un son
complexe. Nous verrons en effet que sa constitution
répond à cette conception théorique ; mais avant de pour-
suivre cette étude plus avant, dans ses rapports intimes
nous devons, pour bien comprendre par quel mécR-
nisme le sens de l'ouïe pourra être influencé, étudier
les phénomènes sonores dans l'ensemble de leurs pro-
priétés mécaniques.

Vitesse du son.

On nomme ainsi l'espace que le son parcourt en
une seconde.

Les premières expériences pour mesurer la vitesse
du son dans l'air ont été faites par les académiciens
français en 1738.

Elles furent reprises en 1822 par les membres du
bureau des longitudes, et leur méthode d'observation
était la même. Elle consistait à croiser les expériences,
ce qui avait pour but d'éliminer les causes perturbatrices.

Enfin M. Regnault a utilisé toutes les ressources de
la physique moderne, et particulièrement les appareils
télégraphiques et enregistreurs.

D'après toutes ces expériences, la vitesse du son dans l'air serait à 0° de 331 mètres par seconde. Ces résultats ont d'ailleurs été contrôlés par une autre méthode expérimentale, dont l'idée première est due à D. Bernouilli, et qui a l'avantage de permettre de mesurer la vitesse des sons dans tous les corps élastiques.

Elle est basée sur l'étude des tuyaux sonores et elle fut d'abord mise en pratique par Dulong, puis par Wertheim qui, après avoir légitimé la méthode, lui a donné une extension considérable.

L'expérience a aussi vérifié la formule théorique de Newton, pour les différentes vitesses dans l'air et dans les autres gaz.

La vitesse augmente un peu avec la température, comme le calcul l'indique.

Dans l'air, le vent modifie un peu la vitesse du son. Toutes les expériences nombreuses que l'on a faites, concordent pour confirmer ce fait important : tous les sons, quelque soit leur acuité, se propagent avec la même vitesse.

L'expérience journalière vérifie d'ailleurs cette loi.

La nuit, par un temps calme, on peut entendre un orchestre à une distance considérable, et l'harmonie des morceaux exécutés n'est en rien modifiée.

Pourtant certains savants, se basant sur les analogies mécaniques de la lumière et du son et sachant que les lumières diversement colorées se propagent dans les milieux transparants, avec des vitesses différentes, en avaient conclu, que la vitesse du son, doit varier avec la hauteur.

Un mémoire de Cauchy, (1) indique les causes probables de ces différences.

La mesure de la vitesse du son dans l'eau a été faite directement par Beudant d'abord, puis dans une expérience célèbre sur le lac de Genève, en 1827, par Colladon et Sturm, qui trouvèrent qu'à 8° elle est de 1,435 mètres.

Propagation du son.

Notre oreille nous met en rapport avec les corps qui vibrent autour de nous.

Cette sorte de toucher à distance nous permet d'apprécier l'état vibratoire des corps jusque dans ses détails intimes malgré sa complexité et même souvent d'avoir une notion de l'éloignement, mais cette connaissance n'est possible que si un ou plusieurs milieux pondérables unissent l'oreille et l'objet.

Habituellement c'est par l'air que le son se propage.

Ce milieu peut d'ailleurs être quelconque, solide, liquide ou gazeux, mais la nature même du mouvement vibratoire nécessite qu'il soit élastique.

On vérifie expérimentalement cette conséquence théorique par les expériences suivantes :

Sous la cloche d'une machine pneumatique on dispose un timbre, que vient frapper un marteau mû par un mouvement d'horlogerie. Le son s'entend très-bien si l'on a pas fait le vide; mais à mesure qu'on enlève l'air, le son faiblit et il devient tout à fait nul quand le vide est complet.

On peut rendre l'expérience plus brillante en disposant sous la cloche un pistolet chargé à poudre. En
le faisant partir sous une cloche vide et un peu grande,
on voit un éclair se produire, mais c'est à peine si l'on
entend le son.

Pour que ces expériences réussisent, il faut avoir eu
soin de disposer l'appareil non pas directement sur la
platine de la machine, mais sur un sommier non élastique formé de ouate, de crins, etc.

Ces substances filamenteuses, ténues ne se touchent
que par un petit nombre de points. Elles renferment
beaucoup d'air interposé entre leurs fibrilles et sont
de véritables étouffoirs pour le son.

C'est ainsi qu'agissent les tentures et les tapisseries
dans nos appartements ; ce qui légitime l'emploi que
l'on en fait pour amortir les sons, et empêcher la voix
de se propager d'une pièce à l'autre.

C'est pour avoir omis cette précaution que le P. Kir-
cher crut avoir trouvé, dans cette même expérience, une
preuve décisive contre l'existence du vide qu'il traite
de « vide » fantastique.

Avant d'étudier la propagation du son nous étudierons d'abord la propagation d'une impulsion élémentaire.

Nous rappellerons à ce sujet l'expérience classique
des billes élastiques de Masson. Lorsqu'on frappe une
des billes extrêmes, celle-ci est comprimée au premier

______

(1) Comptes-rendus, Académie des sciences.

instant, et son élasticité réagissant sur la bille suivante, celle-ci se trouve comprimée à son tour et ainsi successivement jusqu'à la dernière qui, ne trouvant plus de résistance, s'écarte de sa position d'équilibre.

Les choses se passent absolument de même pour un cylindre gazeux que l'on peut diviser théoriquement en tranches successives.

Supposons une impulsion élémentaire produite à l'origine du tuyau ; cette impulsion comprime la premiè r tranche ; celle-ci par son élasticité réagit sur la tranche suivante et la déplace d'une quantité égale ; celle-ci actionne de même la troisième et ainsi de suite.

Le sens de l'impulsion est d'ailleurs indifférent, soit que celle-ci ait lieu dans le sens de la propagation où dans un sens opposé ; les dilatations remplacent les compressions. La vitesse de propagation de cette impulsion élémentaire est uniforme et égale à celle du son. Supposons maintenant la vibration elle-même s'effectuaut à l'origine du tuyau. Nous pouvons décomposer une des vibrations en impulsions élémentaires analogues à celles dont nous venons de parler.

Supposons que nous commencions à observer le phénomène quand la lame vibrante est à sa limite extrême la plus éloignée du tuyau. A ce moment sa vitesse est très-faible. La première impulsion élémentaire correspondante sera de même très-faible, et se propagera dans notre tuyau avec la vitesse du son.

La seconde communiquera une impulsion plus forte, qui va voyager dans un tuyau avec la vitesse du son, et se placer en arrière de la première à une distance qui dépend à la fois de la vitesse du son et de l'intervalle de temps qui les a séparées.

Les autres impulsions viendront de même s'échelonner, tout le long du tuyau ; elles vont en croissant, jusqu'à ce que la lame ait atteint sa position d'équilibre, et ensuite en décroissant jusqu'à la seconde limite de l'excursion, puis elle repasse par les mêmes valeurs prises en signes contraires, jusqu'à ce que la lame soit revenue à sa position de départ. A ce moment la première impulsion a atteint un certain point, la distance qu'elle a parcourue s'appelle la *longueur d'onde* du son considéré.

Les tranches de ce cylindre gazeux possèdent des compressions dues aux impulsions de la lame. Elle varient d'une couche à l'autre. Maximum au centre elles décroissent rapidement.

, Il existe entre la longueur d'onde et la vitesse du son une relation fondamentale en acoustique.

On sait que dans un mouvement uniforme l'espace parcouru est égal au temps, multiplié par la vitesse ; nous aurons donc en appelant λ la longueur d'onde ; v la vitesse moyenne du son, et τ la durée d'une vibration : $\lambda = v\tau$.

La courbe représentative de leurs grandeurs est une sinusoïde analogue à celle que nous avons déjà rencontrée.

Les oscillations se succédant les unes aux autres, la courbe représentative des compressions et dilatations va se déplacer avec la vitesse du son.

Une série d'ondes condensées et dilatées se succèderont, semblables les unes aux autres.

Voyons maintenant le cas ordinaire, celui où la vibration se propage dans un milieu indéfini élastique.

Elle se propagera dans tous les sens.

Les ondes, à leur origine, pourront avoir une forme un peu complexe. Poisson a démontré par le calcul que ces irrégularités disparaissent vite et que les ondes deviennent promptement sphériques ; et que les choses se passent comme si elles avaient pour origine la compression et la dilatation d'une sphère.

D'ailleurs nous observerons les mêmes phases vibratoires que dans notre tuyaux ; et pour une même distance du centre les molécules étant animées d'une même impulsion, seront distribuées sur une surface sphériques.

Mais il est une différence essentielle. Dans notre tuyau la masse ébranlée était toujours la même dans toutes les tranches, et en ne tenant pas compte du frottement sur les parois, le mouvement conservait toute son intensité indéfiniment. Remarquons en passant que nous avons là l'explication de l'avantage que l'on a à employer des tuyaux pour transmettre le son à de grandes distances.

Mais dans un tuyau indéfini la masse à ébranler varie comme la surface elle-même des sphères concentriques. Celles-ci variant comme le carré des rayons et le son se répandant sur toute cette surface, les quantités de mouvements reçues par l'unité de surface ou les *intensités*, varieront en raison inverse du carré du rayon. On a cherché à vérifier cette loi pour l'audition. Mais nos moyens de mesure des intensités de la sensation auditive sont trop imparfaits pour pouvoir affirmer son exactitude. — Il faut remarquer pourtant que l'usage de cette variation auditive avec la distance, nous permet de l'apprécier. Mais ce qui nous permet surtout cette appréciation, ce sont les changements du timbre avec cette distance, ce qui déjà est une preuve de l'exactitude de la précédente loi. Aussi la distance d'un son pur est-elle difficile à apprécier.

L'expérience qui consiste à observer la propagation des rides à la surface de l'eau, mouvements que l'on observe dans leur ensemble, permet de se faire facilement une idée nette de la propagation des sons ; mais il faut remarquer que les oscillations se font alors perpendiculairement au mouvement de propagation. Un bouchon qui flotte, monte et descend en suivant le mouvement des ondes sans se déplacer. Tandis que dans le son le faible déplacement périodique des particules se fait dans le sens même de la propagation.

Les condensations et les dilatations que nous observions dans la propagation du son, sont ici remplacées par des élévations et des abaissements périodiques des molécules, parce qu'elle n'éprouvent pas de résistances sensibles dans ce sens.

Nous avons considéré ce qui se passe pour la propagation du son dans un gaz ; mais il est bien évident, que nous aurions à répéter tout ce que nous venons de dire pour un milieu quelconque. La seule condition, mais nécessaire, c'est qu'il soit compressible et élastique, de manière à ce que les particules soient susceptibles de se rapprocher et de s'écarter momentanément, et de pouvoir osciller autour de leurs positions d'équilibre.

La propagation du son se fait aussi très-bien par les os.

Ainsi l'eau propage très-bien les sons et d'après leurs expériences, sur le lac de Genève, Colladon et Sturm estimèrent que l'on pourrait communiquer en mer à plus de cent kilomètres.

Sans vouloir insister, je citerai la conductibilité du bois pour le son, et en particulier du bois de sapin, à cause du grand usage que nous en faisons dans la construction des instruments de musique ou du stéthoscope.

Wheaststone, fit l'expérience célèbre suivante. Il avait, avec plusieurs tiges de sapin, conduit au grenier, un concert donné dans la cave.

Mais ce n'était pas sans prendre certaines précautions qu'il pouvait ainsi conduire à son gré ses ondes sonores. — Il employait à cet objet tout un système pour renforcer les sons, dont nous étudierons le mécanisme à propos de la résonnance.

Nous remarquerons seulement que dans cette expérience, la grande difficulté était de faire passer le son de l'air dans le bois, tandis qu'il était facile de transmettre les vibrations des tiges de sapins à l'air ambiant. C'est là un fait général qui s'explique en considérant la faible masse d'un gaz par rapport à celle d'un solide. Ainsi le son passe facilement de l'eau dans l'air, tandis qu'il est difficile de le transmettre de l'air dans l'eau.

Une montre à réveil, disposée convenablement sous l'eau, s'entend très-bien à l'extérieur.

Mais, pour qu'un plongeur entende, il faut une cloche.

Là transmission de l'air à l'eau est encore démontrée par l'expérience bien connue des poissons apprivoisés qui répondent à l'appel.

Cette difficile transmission de l'air à un corps solide ou liquide, a pour nous un intérêt considérable, puisque notre oreille, constituée par un milieu solide, doit percevoir les sons aériens.

Notre oreille ayant une membrane, celle du tympan, qui limite un espace rempli d'air, nous devons tout particulièrement rechercher l'influence d'une pareille constitution physique [pour la transmission des sons d'un gaz à un liquide.

Un grand nombre d'observateur sont étudié ces conditions physiques; Muller (1), particulièrement, s'est attaché à reproduire des conditions analogues à celles où est placée l'oreille, et il conclut que l'oreille est précisément dans les meilleures conditions.

Voici le résumé de ses recherches :

I. Les ondes sonores de l'air se transmettent difficilement à l'eau, mais elles se communiquent très-facilement à ce liquide par l'intermédiaire d'une membrane tendue.

II. Les ondes sonores qui se propagent dans l'eau subissent une réflexion partielle de la part des parois des corps solides.

III. De minces membranes conduisent le son dans l'eau sans affaiblissement, qu'elles soient ou non tendues.

IV. Un petit corps solide, adapté sur une fenêtre par

(1) Manuel de physiologie, par J. Muller. Traduit par A.-J.L. Jourdan, t. II.

un rebord membraneux qui lui permet une certaine mobilité, transmet les ondes sonores de l'air à l'air beaucoup mieux que d'autres parties solides. Mais la transmission devient plus énergique encore, lorsque le conducteur solide, qui bouche la fenêtre, est fixé au milieu d'une membrane tendue que l'air baigne des deux côtés.

V. Une petite membrane conduit moins bien le son, quand elle est fortement tendue que quand elle l'est eu.

En se transmettant d'un milieu à un autre, le son éprouve des changements de vitesse, qui ont pour effet sa réfraction.

Le son se réfracte donc comme la lumière, et sa réfraction suit les mêmes lois.

Déjà P. Mersenne s'était posé la question de savoir : « si les sons se rompent, c'est-à-dire s'ils endurent de la réfraction comme la lumière, quand ils passent dans des milieux différents. » M. Hajech a fait des expériences directes pour montrer cette réfraction. Il faisait traverser une muraille par un tube terminé par des membranes et rempli de liquides ou de gaz différents, tels que l'hydrogène, l'acide carbonique, etc.; — à sa suite, il en ajoutait un second, rempli d'air et contenant un timbre à réveil terminé par une boîte ouatée ; sauf l'ouverture correspondante au tube,. Il observait alors, dans différentes directions, l'intensité des sons se répandant dans la pièce voisine. — C'était celle de l'axe même des deux tubes. — Mais en faisant varier l'inclinaison sur l'axe des tubes de la membrane antérieure, il obscrvait une déviation dont on pouvait mesurer la grandeur à l'aide d'un cercle gradué.

M. Sonhauss a construit des lentilles limitées dans leurs surfaces sphériques par des membranes ou du collodion, et gonflées avec de l'acide carbonique. A une certaine distance, il y avait un véritable foyer sonore.

En résumé, on voit que toutes les fois que deux milieux élastiques sont en contact, qu'il y a continuité de la matière élastique, le son se transmet plus ou moins d'un milieu à l'autre, avec des différences extrêmement variables, suivant leur nature et leurs formes. Il en résulte que le son est, en quelque sorte, conduit par un milieu donné, en particulier, quand sa densité est différente de celle du milieu ambiant. C'est, en grande partie sur ce fait, qu'est basé l'emploi des stéthoscopes en bois léger, qui conduisent si bien le son.

Si les milieux qui transmettent le son ne sont pas parfaitement élastiques, nos conclusions ne sont plus rigoureuses ; mais cette approximation suffit dans la pratique.

Enfin, de la chaleur se développe par les condensations et dilatations des gaz et une analyse rigoureuse devrait en tenir compte.

Intensité des sons.

On s'accorde généralement à croire que l'intensité

auditive d'un son est mesurée par la demi-force vive moyenne de la vibration, que le nerf acoustique reçoit.

Il faut remarquer que cette loi est difficile à vérifier par l'expérience.

Elle est bien plus basée sur des considérations théoriques que sur l'observation expérimentale.

Sous ce rapport, l'organe de l'ouïe, malgré la finesse de sa perception, est bien inférieur à notre œil.

D'un seul coup d'œil, on peut embrasser toutes les ondulations qui se forment à la surface des eaux. — Tandis que notre oreille n'est impressionnée par les ondes sonores que successivement ; elle est obligée d'attendre que l'onde qui l'a impressionnée soit éteinte, pour pouvoir juger de la grandeur d'une autre.

Déjà en optique, la comparaison des intensités est une opération délicate. Que sera-ce en acoustique ? Cette recherche devient surtout difficile, quand il s'agit de mesurer des intensités de sons différents par leur hauteur et leur timbre.

Enfin la sensibilité de l'oreille varie de jour à l'autre.

La loi de la variation de l'intensité en raison inverse du carré de la distance est donc bien plus théorique qu'expérimentale pour l'audition.

Si l'intensité auditive varie proportionnellement à la demi-force vive moyenne, il en résulte qu'elle variera, d'une part, comme le carré des amplitudes des vibrations sonores, et, d'autre part, comme la masse ou la densité des gaz mis en mouvement.

Ces considérations nous permettent de comprendre facilement l'avantage que l'on a à employer des tubes pour transmettre le son à de grandes distances. — Théoriquement, en négligeant les frottements à la surface d'un tube cylindrique et la chaleur produite par la compression du gaz, le son conserverait indéfiniment son intensité.

Des considérations de cet ordre permettent de comprendre les principales causes du renforcement des sons dans les cornets-acoustiques.

D'un autre côté, les expériences surabondent, qui démontrent l'influence de la densité.

Déjà dans l'expérience des timbres sous la cloche pneumatique, nous avons vu le son s'éteindre à mesure que l'air se raréfiait.

Aussi, sur les hautes montagnes, les sons perdent-ils de leur intensité, et ils semblent plus éloignés qu'ils ne le sont réellement.

Saussure dit qu'un coup de pistolet au sommet du Mont-Blanc (4800 mètres d'altitude), ne fait pas plus bruit qu'un pétard dans la plaine.

Tous les aéronautes ont constaté la faiblesse de leur voix dans les régions élevées de l'atmosphère.

Dans l'air comprimé, au contraire, l'andition y est exagérée. Les ouvriers travaillant à la fondation du pont d'Arcueil, se plaignaient de ce que les sons prenaient un timbre métallique qui leur ébranlait le cerveau.

Le sifflement naturel de la voix disparaissait pour faire place à un renforcement strident et métallique des voyelles, qui se transformaient en une sorte de bégaiement.

Priestley, Pilatre de Rosier, Maunoir et Paul, ont

fait des expériences avec différents gaz. Dans l'hydro-gène, la voix était faible et nasillarde.

Le vent modifie souvent l'intensité du son. A la campagne, la cloche d'un village assez éloigné s'entend ou ne s'entend pas, suivant que le vent souffle dans le sens de sa propagation ou en sens contraire.

Des expériences de de Haldat, à Nancy, de Delaroche et Duval (1831), tendent, d'ailleurs, à faire penser que l'agitation de l'air est toujours nuisible à la propagation du son.

Réflexion du son.

Lorsque les ondes sonores rencontrent un corps d'une élasticité très-différente, elles se réfléchissent.

Les lois de cette réflexion constituent une analogie étroite entre la lumière et le son. Cependant, la longueur des ondes sonores fait que l'expression de rayon sonore n'est guère exacte : — Ces ondes peuvent se propager suivant des lignes courbes ; elles tournent les obstacles.

Dans l'air, lorsqu'une onde sonore vient à rencontrer un autre milieu qui s'oppose à sa propagation, la tranche gazeuse en contact avec l'obstacle sera comprimée. Mais bientôt son élasticité réagissant, elle se détendra, puis cédant sa vitesse inverse de la première à la tranche contiguë, elle rentrera elle-même au repos, après avoir ainsi constitué une onde de retour ou réfléchie.

Ce mouvement réfléchi se fera successivement. On voit qu'un mouvement semblable au premier se propagera, mais en sens contraire. — Ce retour des ondes sonores sur elles-mêmes donne naissance à un second son, c'est l'écho.

L'oreille ne pourra distinguer le son direct de celui qui est réfléchi, que si le temps qu'il a mis à aller et venir est suffisant pour que le premier soit éteint.

On voit que ce phénomène dépend de trois conditions :

La distance de l'obstacle, la vitesse du son, et sans doute, la persistance des impressions auditives. Celle-ci étant très-faible et mal connue dans sa grandeur, on la considère comme nulle.

S'il faut 1[5 de seconde pour prononcer une syllabe et si la vitesse du son est de 340 mètres, on voit que l'observateur devra être placé à une distance d'au moins 34 mètres pour pouvoir entendre répéter une syllabe.

Si la distance était moindre, il y aurait un renforcement du son, au moment où il va s'éteindre, ce qui donne une certaine résonnance désagréable, que l'on observe surtout sous les voûtes.

Nous n'insisterons pas sur ces faits, qui n'ont qu'un intérêt secondaire pour notre étude. Mais la théorie indique qu'il doit se produire des phénomènes d'interférences que nous allons étudier.

Interférence.

Le principe des interférences joue un grand rôle

dans tous les phénomènes de l'acoustique et de l'audition. ·

Quand deux vitesses sont de même sens elles s'ajoutent ; si elles sont de sens contraire elles se retranchent, et elles s'annulent, si elles sont égales.

Dans le mouvement périodique du son, il est bien évident que ces additions et ses soustractions s'effectuent constamment. On peut d'ailleurs rendre visible cette conception théorique par l'expérience la plus simple. Laissons tomber à la surface de l'eau deux pierres : deux systèmes d'onde se produiront ; aux vallées succèdent les montagnes. Bientôt deux montagnes se rencontrent en un point donné. La hauteur est doublée. Deux vallées au contraire, donnent une dépression double. Enfin au point où une montagne rencontre une vallée, elle la comble. Tel est le phénomène des interférences. En vertu du principe de la superposition des petits mouvements, ces ondes s'entrecroisent sans se détruire, et continuent leur chemin. Si deux pierres semblables tombent en même temps et de la même hauteur, le point situé à égale distance de nos deux pierres recevra deux chocs égaux qui s'ajoutant, doubleront la hauteur de la vague. Il en sera de même du tous les points de la droite perpendiculaire, élevée sur le milieu de la ligne des centres, chacune des ondes ayant mis le même temps pour parcourir un chemin égal. Mais à droite et à gauche de cette perpendiculaire il y aura des points dont la différence de marche à chaque centre, sera juste égale à une demi-longueur d'onde, en appelant longueur d'onde l'espace parcouru par la vague pendant une oscillation double.

Alors la vitesse sera constamment détruite et l'eau restera plane. Il y aura donc des lignes où les vitesses s'ajoutant la vague s'enflera, et d'autres où elles disparaîtra. Ces phénomènes d'interférence se produisent d'une façon analogue avec les sons dans un grand nombre de circonstances, et jouent un grand rôle dans la théorie physique de l'audition. Nous les retrouverons dans la suite de cette étude.

Citons seulement deux expériences :

M. Desains dispose un fort sifflet dans une caisse garnie de ouate, afin d'amortir toutes reflexions inté-rieures dans la caisse, percée de deux trous. Si sur un plan vertical élevé sur le milieu de la droite qui réunit les deux trous, et qui par conséquent est le plan de symétrie par rapport à ces deux trous, on dispose une membrane légèrement tendue, sur laquelle on a semé un peu de sable, on voit ce sable sautiller et se couvrir de lignes nodales à droite et à gauche, ce qui prouve qu'il est fortement ébranlé par les ondes sonores, qui, ayant parcouru une même distance, ont des vitesses qui s'ajoutent toujours. Mais si on s'écarte un peu du plan vertical indiqué, on trouve de chaque côté des points placés symétriquement par rapport au plan, où le mouvement du sable est à peine sensible. Ce sont les points où les vitesses des ondes se détruisent

Mais ce qui prouve bien que c'est à l'influence réciproque des mouvements vibratoires qu'il faut attribuer cette destruction, c'est qu'il suffit de boucher l'une des ouvertures pour qu'aussitôt le sable se mette à sautiller.

Il est évident que l'interférence peut se produire par suite de l'action d'une onde directe sur une onde réfléchie.

Savart avec son oreille, Seebeck avec son pendule acoustique, ont constaté leurs réalités et ont pu même mesurer par là, la longueur d'une onde sonore.

Un phénomène d'interférence qui nous intéresse tout spécialement est celui des battements ; nous l'étudierons plus loin.

Qualités des sons.

Trois qualités auditives nécessaires et irréductibles, caractérisent les sons ; l'*intensité*, la *hauteur*, le *timbre*.

Nous avons déjà parlé de l'intensité. En mesurant le nombre des vibrations que fait un corps sonore dans un temps donné, l'expérience nous apprend que la sensation que l'on appelle acuité ou *hauteur* d'un son, dépend directement de ce nombre ; ainsi la durée d'une vibration est la même pour tous les sons ayant même hauteur, elle ne dépend aucunement de la nature des corps vibrants.

Nous n'avons pas à insister sur les méthodes que l'on emploie pour mesurer le nombre de ces vibrations. On peut les compter avec la sirène de Seebeck et de Cagnard-de-la-Tour (1819) successivement perfectionnée par Dove, Helmholtz, Kœnig ; ou bien par la méthode ingénieuse, mais peu exacte de Chladni qui comptait avec l'œil les oscillations lentes d'une lame élastique, et qui s'appuyant sur les lois des variations du nombre de vibrations avec la longueur de ses lames, en concluait le nombre des vibrations plus rapides, qu'il ne voyait plus, mais qu'il entendait.

Le P. Mersenne opérait d'une façon analogue avec des cordes. Il avait reconnu que le nombre des vibrations d'une corde varie en raison inverse de sa longueur, toutes choses égales d'ailleurs.

La méthode du comparateur optique de Lissajous est la plus précise.

En employant la méthode graphique on voit bien vite que la hauteur des sons varie avec le nombre des vibrations. Il suffit de faire inscrire leurs mouvements, à différents diapasons, sur une feuille de papier enfumée et mise en mouvement d'une façon semblable dans chaque expérience. En traçant des parallèles, dans une direction à peu près perpendiculaire aux axes des symétries des courbes (axe des temps), on aura qu'à compter le nombre de sinuosités et à en prendre les rapports, pour avoir celui des mouvements vibratoires dans un temps donné.

Il importe de remarquer que l'échelle de la variation ou de la hauteur d'un son est absolument continue. Il est évident, en effet, qu'entre les deux nombres qui caractérisent physiquement la hauteur d'un son, on pourrait intercaler autant de sons qu'on voudra, et dont les nombres des vibrations diffèrent aussi peu les uns des autres qu'on le désirera, absolument comme une ligne divisée en un certain nombre de ses parties, chacune de ces dernières peut encore être divisée en autant de parties qu'on le veut.

Or l'expérience nous apprend que tous ces sons sont perçus par l'oreille ; s'ils sont trop rapprochés elle ne les distingue plus les uns des autres, mais aucun ne lui échappe.

Sous ce rapport l'oreille serait donc supérieure à l'œil, et ne pourrait être atteinte comme lui de *dalto-nisme, ou achromatopsie.*

Changement de hauteur d'un son par la translation.

Il est cependant un cas où la hauteur d'un son perçu par l'oreille, n'est pas directement proportion-nelle à celle du nombre de vibrations qu'effectue le corps. C'est quand la distance entre la source du son et l'oreille qui le perçoit, varie.

Cela est évident : lorsqu'on se trouve sur le trajet que parcourt des omnibus, on sait bien qu'on en ren-contre plus, allant dans un sens donné ; si on remonte cette espèce de courant par exemple, que si on le descend.

Il en est de même des vibrations sonores. Notre oreille allant au devant d'elles est plus souvent frappée, et il en serait de même si au contraire, le corps sonore s'approchait,

On voit par là, que de cette vitesse de translation, on pourra préjuger du changement de hauteur d'un son donné. Et que réciproquement, s'il est donné à l'oreille d'apprécier cette différence de hauteur, on pourra calculer ou apprécier la vitesse de translation.

C'est ce que font tous les jours les employés de che-mins de fer, lorsqu'ils entendent le sifflet d'une loco-motive. Connaissant les hauteurs de la note habituelle, ils distinguent très-bien si elle s'approche ou s'éloigne, et apprécient sa vitesse.

Ainsi, lorsque deux trains se croisent, non-seulement

l'intensité des sons émis change rapidement, mais aussi leur timbre et leur hauteur.

Des expériences ont été faites dans ce sens par Buys-Ballot en 1845. M. Scott Russel a fait remarquer que des phénomènes analogues doivent se produire par la réflection du son sur les piles d'un pont, quand un train s'en approche ; et qu'alors les notes réfléchies et altérées donnaient avec la note directe des dissonnances très-désagréables.

Des considérations analogues, sont d'un puissant intérêt dans les recherches spectroscopiques de la lumière des astres ; celles-ci permettent de mesurer les mouvements violents qui se passent à la surface du soleil ou d'avoir une idée des mouvements de translation des étoiles.

D'ailleurs il faut bien remarquer que ces changements de hauteur varient avec celle du son lui-même ; car la longueur d'onde dépend du nombre des vibrations.

Par exemple, pour deux sons à l'octave l'un de l'autre, la différence du nombre des impressions sur l'oreille sera de 1 à 2, puisque dans le même espace provenant du changement de distance, il y aura deux fois plus d'ondes de l'un que de l'autre, On voit que le rapport ne change pas, et que généralement toutes les notes conservent les mêmes intervalles qu'elles avaient. Un morceau de musique entendu pendant la translation, ne perd pas son caractère musical, mais, son ton s'élève ou s'abaisse, suivant qu'on s'en rapproche ou s'en éloigne.

Intervalles musicaux.

Quand deux sons se font entendre successivement ou simultanément, notre oreille perçoit une sensation toute spéciale, due à ce qu'on appelle l'*intervalle musical* des deux sons,

Cette impression ne dépend pas de la hauteur absolue des sons, ou du membre de leur vibration, mais seulement du rapport qui existe entre ces nombres.

Le rapport le plus simple que l'on puisse imaginer est celui de un à un, c'est *l'unisson* ; chaque note fait le même nombre de vibrations dans le même temps,

On appelle *octave* l'intervalle musical où le nombre des vibrations est en rapport de 1 à 2. La ressemblance auditive entre deux notes à l'octave, est telle que les personnes étrangères à la musique et qui n'ont pas l'habitude de juger et de comparer les notes entre elles, confondent ces sons, et ne peuvent en saisir tout d'abord la différence. Il existe un certain nombre d'autres accords, auxquels l'oreille s'arrête presqu'aussi naturellement ; ce sont : la quinte, la quarte, la tierce majeure, la tierce mineure, la sixte majeure, et la sixte mineure. Les rapports du nombre de vibrations du son fondamental à chacune d'eux, est, octave compris :

$$1/2, \; 2/3, \; 3/4, \; 4/5, \; 5/6, \; 3/5, \; 5/8.$$

Nous n'insisterons pas sur cette question, qui est surtout du domaine de l'art musical.

Nous rappellerons seulement, que la connaissance de ces rapports, et la sensation auditive correspondant, à chacun d'eux, permet de mesurer à l'aide de l'oreille, le nombre de vibrations d'un son, quand on connaît celui qui lui correspond.

Un son donne-t-il l'octave d'un autre dont le nombre de vibrations est connu, nous savons de suite qu'il en fait deux fois plus que lui.

Production du son par divers corps sonores.

Rappelons rapidement les lois qui régissent la production du son par les différents corps. Généralement dans les corps élastiques l'une des dimensions est considérable par rapport aux deux autres. Aussi distingue-t-on deux sortes de vibrations; les unes *longitudinales*, où la trajectoire d'une molécule oscillante est dans le même sens, et l'autre *transversale*, dont les oscillations se font perpendiculairement. C'est ainsi qu'on peut faire vibrer une verge métallique ou de bois, en la frottant entre ses doigts enduits de colophane, de même on peut faire produire à une corde convenablement tendue, des vibrations longitudinales. On donne ainsi lieu à des sons généralement très-aigus, et qui jouent certainement un rôle dans le timbre des instruments à corde, mais habituellement on fait vibrer les cordes transversalement soit en les pinçant comme dans la guitare, la harpe; soit avec l'archet, comme dans le violon; soit en les frappant, comme dans le piano.

On étudie les lois qui se rapportent à la vibration des cordes à l'aide du sonomètre, qui n'est autre qu'une caisse de renforcement sur laquelle sont tendues des cordes dont on fait varier l'espèce, la longueur, le diamètre et le poids qui les tend.

Ces lois sont résumées par la formule :

$$n = \frac{1}{rl} \sqrt{\frac{g\,\mathrm{P}}{\pi\,d}}$$

Dans laquelle n représente le nombre des vibrations exécutées dans l'unité de temps, r le rayon de la corde l sa longueur, P la tension ou le poids tenseur, d la densité de la corde π et g ayant leur signification habituelle.

Sans insister, énonçons seulement celle qui se rapporte à la longueur.

Les nombres des vibrations exécutées par une corde sont inversement proportionnels à sa longueur.

On obtient donc l'octave de la note que rend une corde, en la faisant vibrer après l'avoir réduite de moitié.

C'est cette loi que les violonistes mettent constamment à profit.

Si l'on fixe la corde en son milieu, et qu'on ébranle l'une de ses moitiés avec un archet, on s'aperçoit que la corde attaquée ne vibre pas seule ; l'autre moitié vibre aussi et rend l'unisson. Des petits cavaliers de papier, mis sur cette corde sont projetés avec force.

Si la corde est fixée au tiers, et si l'archet frotte la plus courte, on voit la longue portion se diviser en deux parties.

Généralement, une corde fractionnée comme précédemment et que l'on attaque par sa courte portion rend les sons harmoniques successifs 2, 3, 4,....

On voit que si l'on ajoute à cette série le son fondamental, on a celle des nombres naturels. — C'est l'énsemble de tous ces sons que l'on appelle encore sons partiels. Le premier son partiel est donc le même que celui qui répond à la totalité de la corde en vibration. Si on compare les nombres de vibrations qu'effectuent les sons partiels, à ceux de la gamme, en prenant pour ut_1 le son fondamental on a le tableau suivant, n étant le nombre des vibrations correspondantes :

Ordre du son partie :	1	2	3	4	5	6	7	8
Nombre de vibrations :	$1n$	$2n$	$3n$	$4n$	$5n$	$6n$	$7n$	$8n$
Nom de la note :	ut_1	ut_2	sol_2	ut_3	mi_3	sol_3	—	ut_4

La 7me manque, on peut la représenter par la $\sharp_3$ (dièze) approximativement.

Les indices marquent comme d'habitude l'ordre des octaves de plus en plus élevés.

Pendant la vibration de ces cordes on les voit se fractionner pour ainsi dire, de manière à se mettre d'accord avec la loi des longueurs que nous avons donnée et que régit le nombre des vibrations.

Chacune de ces fractions vibre comme si elle était fixée isolément ; et les points fixes qui en résultent se nomment *nœuds*, tandis que l'on donne le nom de *ventres* aux centres des fuseaux renflés interposés.

L'expérience citée des cavaliers de papier permet facilement de mettre en évidence ces différents points. Ceux placés aux nœuds restent fixés tandis qu'aux ventres ils sont projetés.

Les solides en forme de *plaques* se couvrent de *concamérations* séparées par des lignes *nodales* quand on les fait vibrer: avec un archet par exemple.

Chladni (1787) en commença l'étude en semant du sable au-dessus. Projeté aux points correspondants aux concamérations, il venait se réunir en petits sillons aux lignes nodales.

Les timbres, les verres, etc., présentaient des phénomènes analogues.

Les membranes flexibles légèrement tendues sur un cadre, dont les vibrations nous intéressent plus particulièrement, peuvent émettre des sons quand on les ébranle, soit directement en attaquant le cadre avec un archet, soit autrement.

Elles vibrent d'une façon analogue aux plaques, et Savart fit sur elles, comme sur les plaques, d'ailleurs, de nombreuses expériences.

De ses observations on peut surtout conclure que leurs concamérations et leurs lignes nodales varient rapidement en prenant toutes sortes de formes.

Elles donnent des bruits plutôt que des sons. Sans doute elles sont succeptibles de donner des sons définis et les tambours des orchestres sont accordés ; mais ces sons ressemblent tellement à des bruits que l'on dira toujours le *bruit du tambour*.

Ces membranes, si variables dans leurs oscillations, peuvent être facilement mises en mouvement par toutes les vibrations de l'air, Leurs faibles masses flottant en quelque sorte dans l'air les met dans d'excellentes conditions pour cela.

Aussi en fait-on un fréquent usage en acoustique.

Le pendule acoustique, par exemple, n'est autre chose qu'une membrane légèrement tendue sur un cadre, et contre lequel s'appuie légèrement une petite boule de cire suspendue par un fil de cocon fixé sur le bord du cadre à l'aide d'une goutte de cire.

C'est encore elles dont Kœnig met la sensibilité vibratoire à profit dans ses flammes manométriques.

Si l'on produit des vibrations à l'une des extrémités d'un tuyau fermé, elles se propageront dans l'air du tuyau et bientôt, rencontrant un obstacle au fond, elles se réfléchiront, comme nous l'avons dit, dans l'écho; l'onde sonore reviendra, sur elle-même avec une vitesse contraire. — Si, au contraire, le tuyau était ouvert, l'onde sonore trouvant à l'extrémité une moindre résistance, elle se dilaterait, et il se produirait encore là un phénomène de réflexion; mais cette fois sans changement de signe; dans l'un et l'autre cas l'onde directe et l'onde réfléchie agiront l'une sur l'autre. Or le calcul et l'expérience s'accordent pour démontrer qu'elles interterfèrent constamment, il en résulte qu'il existe des points fixes où les condensations et les dilatations se détruisent constamment; ce sont les *ventres*; la densité du gaz y reste constante. De chaque côté, à égale distance, il existe, au contraire, des points où la densité passe par les plus grandes condensations et dilatations successives; ce sont les *nœuds*; la distance qui sépare ces ventres les uns des autres est celle d'une demi-longueur d'onde; de même pour les nœuds.

A l'entrée du tuyau, on trouve toujours un ventre, et, à l'autre extrémité, on trouve encore un ventre si le tuyau est ouvert, et un nœud s'il est fermé.

Comme d'autre part la longueur d'onde est fixe, on

voit que la colonne gazeuse devra se fractionner d'une façon analogue aux cordes.

La longueur d'un tuyau ouvert est égale à la moitié de la longueur de l'onde du son fondamental qu'il émet, et il donne la série des harmoniques 1, 2, 3..., série des nombres entiers, comme les cordes.

La longueur d'un tuyau fermé est égale au quart de la longueur d'onde du son fondamental qu'il peut donner, et la série des sons partiels est celle des nombres impairs 1, 3, 5, 7... Nous n'avons pas à insister sur cette question.

Du son par influence.

La production du son par influence a pour nous un grand intérêt. Elle nous donnera la clef du mécanisme qui permet à l'ouïe d'entendre et d'analyser les sons. Aussi M. Helmholtz y a-t-il attaché tout spécialement son attention.

Avec ses résonnateurs, il a pu, pour ainsi dire, passer au crible les ondes sonores, et analyser un son comme on analyse la lumière avec un prisme.

Soit un diapason ébranlé et tenu à la main ; il oscillera longtemps, mais il rendra un son faible et à peine perceptible.

Qu'on le tienne à côté d'une éprouvette que l'on remplie successivement d'eau, à un moment donné, le son prendra une grande intensité : c'est qu'alors nous aurons constitué un véritable tuyau sonore, dont la longueur sera compatible avec l'ébranlement périodique de la colonne gazeuse.

Le même renforcement se produira, si on fixe le diapason sur une caisse nommée caisse de renforcement, dont les dimensions sont telles que si elle vibrait elle-même, elle donnerait l'accord (ou au moins un harmonique) de celui du diapason.

Un semblable fait se passe avec un pendule. Quelle que soit la manière dont on l'ébranle, il oscille de la même façon.

C'est là une loi générale. — Elle joue un rôle considérable dans le mécanisme de l'audition, et, sous une autre forme, elle se retrouve en optique avec son importance immense.

Une corde n'entrera en vibration sous l'influence des vibrations de l'air, que si son mode de suspension lui permet de rendre, soit l'unisson, soit un ou plusieurs des sons partiels supérieurs.

Une expérience bien remarquable le prouve. Que l'on prenne deux violons rigoureusement accordés et que l'on suspende l'un d'eux à l'extrémité d'une salle. Si l'on se met à jouer un air sur l'un, bientôt toutes les cordes de l'autre seront mises en branle. Chacune d'elles recevant à chaque instant, de la part de l'air ambiant, des impulsions périodiques compatibles avec son mode vibratoire, elles se les assimilera et rendra les mêmes notes que celles qu'elle recevra.

Comment pouvons-nous comprendre qu'une masse aussi faible que celle de l'air puisse ébranler fortement une corde, un tuyau sonore, etc. Le voici : une première impulsion, quelle que soit sa faiblesse, donnera un mouvement à un corps élastique quelconque qui le recevra. Si, à cette impulsion vient s'en ajouter une autre à un moment quelconque, tantôt l'écartement sera augmenté, tantôt diminué, et généralement il n'y aura pas d'effet ; mais si cette impulsion a lieu périodiquement, comme dans le cas des ondes sonores, on pourra considérer deux cas principaux : Ou bien l'élasticité des corps qui les reçoit est telle que sa périodicité d'oscillation naturelle, est en désaccord avec celle du milieu ambiant, et alors ces légères secousses n'auront pas d'effet sensible ; ou bien, au contraire, cette apulsion faible, mais rhythmée, se trouvant sans cesse en accord avec son mode oscillatoire, les vitesses seront sans cesse en accord et chaque impulsion et apulsion de l'air, quelle que soit sa faiblesse, viendra accroître celle des corps élastiques, jusqu'à ce qu'enfin l'équilibre s'établissant entre les recettes et les dépenses, cette force impulsive périodique égale les frottements intérieurs et le son qu'elle émet.

Si la corde est accordée à l'unisson, on aura un son considérable.

Tel est le mécanisme du renforcement des sons, sur lequel nous insistons, parce c'est celui employé par l'organe de l'ouïe pour se les assimiler.

Un enfant parvient à mettre en branle nos grosses cloches d'église, malgré leur poids considérable par un mécanisme analogue.

Si un homme très-fort essayait de les déplacer, il n'y parviendrait pas ; mais en les suspendant de manière à ce que l'impulsion qu'on leur donne puisse être efficace et en leur imprimant un mouvement périodique convenable, on y parvient facilement. Une fois en mouvement, elles continuent à osciller seules, comme un

pendule, jusqu'à ce que, par ses frottements, l'ébranlement du clocher et les ondes sonores qu'elles disper-
sent dans l'espace, elles aient dépensé la force qu'on
leur a communiquée.

Ceux qui sonnent les cloches ont bien soin de ne point
se contenter de donner une seule impulsion, qui ne
suffirait généralement pas. Aussi y a-t-il un certain
savoir-faire pour mettre en branle une grosse cloche.
Il faut que les impulsions soient rhythmées ; et de
plus, que l'effort que l'on fait en pesant sur l'extrémité du bras de levier qui correspond à la cloche,
se fasse toujours au moment de sa descente et
surtout au commencement. Alors, quelque petites
que soient, les accélérations ainsi données, les amplitudes des oscillations s'accroissent. Si le sonneur
se suspendait au moment où le bras de levier remonte
à contre-temps, comme on dit, il détruirait une partie
de l'amplitude des oscillations, et bientôt il détruirait
le mouvement déjà communiqué.

Il n'est pas nécessaire d'ailleurs que toutes ces impulsions s'effectuent exactement, suivant le même rhythme
que celui qui les reçoit.

Si le mouvement impulsif lui arrive seulement après
deux, trois, quatre oscillations, il n'en sera pas moins
efficace ; mais alors, pendant ce temps, le mobile aura
perdu une partie de son mouvement par des frottements
et des sons produits.

Recevant deux, trois, quatre fois moins d'impulsion
dans un même temps, tandis que les pertes extérieures
restent les mêmes, il est bien clair que l'amplitude de
ses oscillations va être beaucoup diminuée. On voit

donc que, pour qu'il y ait des oscillations.d'une grande amplitude, il est nécessaire que leurs durées soient la même dans le corps oscillant qui les reçoit, que dans celui qui les donne. Dans le cas du corps sonore, l'amplitude ne sera donc véritablement grande, que s'ils sont à l'unisson. On voit donc d'où provient cette *sensibilité, élective* qui caractérise les phénomènes de résonnance. Ils sont nombreux, et de tout temps ils ont été observés et mis à profit ; les expériences qui les font ressortir sont faciles à faire et concluantes.

D'après Vitruve, les anciens plaçaient de grands vases d'airain dans leurs amphithéâtres, pour renforcer les voix des acteurs.

Il existe une expérience, un tour célèbre, qui consiste à faire éclater un verre en chantant. Il faut donner exactement la même note que celle du verre, en soutenant la voix avec force pendant quelques instants.

Pour réussir, il faut d'ailleurs employer des verres minces et faibles.

Il existe un passage du Talmud (1) qui dit ceci : « Il a été dit par Ramé, fils de Jécheskel : lorsqu'un coq aura tendu son cou dans le creux d'un vase de verre, et aura chanté dedans de manière à le briser, on payera le dommage entier. Et Raf Joseph a dit : voici les paroles de l'Ecole du Maître : un cheval qui hennit, un âne qui brait et casse un verre, paye la moitié du dommage. »

Ces phénomènes de résonnance sont d'ailleurs vulgaires : Nos vitres vibrent par le bruit du tambour ; dans un orchestre, on sent par instant son chapeau frémir

(1) Baba Kama, fol. 18, c. II.

sous ses doigts, et l'on voit certaines flammes osciller et trembler violemment pour certains accords.

Dans tous ces phénomènes d'influences, il est bien évident que la surface des corps vibrants qui reçoit l'impulsion, a la plus grande importance : Une corde, une verge communiqueront bien moinsde leurs mouvements au milieu qui les entourent, que ne le ferait une large surface. Dans certaines conditions, la transmission peut même être considérée comme proportionnelle à la surface.

Si donc on pouvait adapter de larges surfaces à des corps en vibration, sans modifier l'intensité originelle du son, on pourrait en modifier à son gré, l'intensité.

Les tables d'harmonie ne sont qu'une application de ce principe. C'est leur usage qui permettait à Wheatstone, de conduire au grenier par ses tiges de bois, un concert donné.à la cave. Mais il faut remarquer que le corps qui émet le son, perd alors rapidement sa vitesse initiale, si on ne la lui restitue sans cesse.

Aussi, dans les instruments à corde, où le corps vibrant n'a qu'une faible masse, et où la caisse résonnante lui permet de dépenser rapidement sa vitesse, la lui rend-on constamment à l'aide de l'archet.

Inversement, un diapason en vibration dans l'air produit un faible son, parce que ses branches ne frappent qu'une faible masse d'air ; mais aussitôt qu'on lui permet de dissiper sa force par les vibrations d'influence qu'il communique à une caisse, on entend un son considérablement renforcé. Réciproquement, il est bien remarquable et bien instructif pour nous, de voir que l'on peut mettre en vibration ces branches lourdes et massives d'un diapason, par l'intermédiaire de la faible masse d'air que contient sa caisse de résonnance.

Est-il nécessaire que l'accord entre le corps vibrant qui reçoit et qui donne, soit absolu ? Nous ne connaissons pas de lois physiques absolues : d'ailleurs, s'il en était ainsi, la résonnance serait une chose presque irréalisable. Il y a là une espèce de compromis, et sous ce rapport, il y a de grandes différences, suivant la masse de l'un par rapport à l'autre.

Un corps vibrant d'un grande masse comme un diapason, impose en quelque sorte son mouvement oscillatoire, à la faible masse de sa caisse de résonnance.

Tandis que, réciproquement, un diapason sera difficilement ébranlé par les vibrations de l'air, s'il n'est pas rigoureusement d'accord avec sa caisse.

Nous verrons bientôt tout l'intérêt que comportent ces questions au point de vue de l'audition. Nous allons en trouver une application immédiate dans les résonnateurs d'Helmholtz, l'analyse et la synthèse des sons que l'on fait avec eux.

Résonnateurs.

M. Helmholtz a inventé des appareils à renforcement qu'il nomme résonnateurs, et dont il a su tirer un immense parti. Ils se composent d'une sphère creuse, ou d'une bouteille de forme variable, en verre ou métallique, limitant un espace gazeux, susceptible d'entrer en vibration d'accord avec un son donné, et dont par conséquent les dimensions varient avec la note que l'on veut renforcer. Ils offrent à la partie antérieure une ouverture, sorte de pavillon, et ils se terminent graduellement en pointe à l'autre extrémité. C'est elle que l'on mettra directement dans l'oreille pour entendre le son renforcé.

D'après ce que nous avons dit, un résonnateur rendra un son donné avec force quand on produira devant lui le son pour lequel il a été construit.

Il pourra être influencé par un harmonique, mais faiblement.

D'ailleurs, tout autre son n'aura pas d'effet sur lui.

D'après cela on voit que l'on pourra analyser un mélange de son avec des résonnateurs, les séparer les uns des autres comme on sépare les radiations lumineuses en les forçant à traverser divers lames de verre colorés : Il suffira d'avoir une série graduée de résonnateurs qui chacun s'assimileront le son qui répond à leur constitution ; on pourra alors écouter ces sons ainsi renforcés, en introduisant la petite extrémité dans l'oreille. Pour que l'autre oreille n'entende pas les sons extérieurs, on la bouche hermétiquement avec un peu de cire molle.

Suivant l'intensité des sons produits, on pourra avoir une idée de leur intensité relatives.

Au lieu d'introduire la petite extrémité dans l'oreille, on peut y disposer une membrane. En la tendant plus ou moins, on pourra toujours s'arranger de façon à ce qu'elle vibre facilement sous l'influence du résonnateur. En fermant de même la large ouverture, on aura un espace clos extrêmement sensible et résonnant, pour le son pour lequel il est accordé.

En disposant sur l'une des membranes, un pendule acoustique, la moindre vibration du résonnateur le fera osciller.

On peut aussi, dans cette sorte de caisse, faire passer un courant de gaz à éclairage. Les vibrations sonores feront périodiquement varier la pression de son gaz intérieur. En enflammant le gaz communiquant avec un bec voisin, la flamme s'allongera et se raccourcira périodiquement comme la pression gazeuse. Tel est le principe des flammes manométriques de Kœnig.

La flamme prend alors un aspect particulier, mais la persistance des impressions lumineuses sur la rétine ne permettra pas de les distinguer nettement.

On peut éviter cette persistance en détournant vivement la tête. — Mais comme ce mouvement brusque est fort incommode, on confie à un miroir tournant le soin de séparer ces images : elles viennent alors impressionner successivement différents points de la rétine.

On voit une série de flammes lumineuses tantôt grandes tantôt petites, qui sont l'image du mouvement vibratoire gazeux.

Si donc on veut faire l'analyse d'un son, on dispose une série de résonnateurs munis de leurs flammes manométriques et l'on voit sur le miroir tournant les images de toutes les flammes qui sont plus ou moins influencées.

Cette méthode est surtout avantageuse pour faire voir à un grand nombre de personnes à la fois ces phénomènes, et permet d'ailleurs de saisir d'un seul coup d'œil l'ensemble dé cette analyse.

Mais il ne faut pas oublier que ces flammes manométriques peuvent être influencées par un harmonique du son qui les émettent.

Analyse et synthèse des sons.

Si la méthode des résonnateurs d'Helmholtz permet de faire l'analyse d'un son composé, elle doit pouvoir aussi en faire la synthèse.

Voici comment Helmholtz a opéré le premier :

Un diapason fixé à une lourde table par des corps conduisant mal le son, tel que du caoutchouc, a ses branches situées entre les pôles d'un électro-aimant. Le courant passe : les branches sont attirées. On interrompt le courant : elles reviennent sur elles-mêmes ; et si on règle convenablement les interruptions du courant, on pourra rendre au diapason la force qu'il perd.

Il faut commencer par le mettre en mouvement, mais alors il peut vibrer indéfiniment, en rendant le son pur qui lui est propre, pureté qui est si utile dans ces recherches. Il faut remarquer qu'on peut entretenir les vibrations, ou par un nombre égal d'interruptions, ou par un multiple de celui des vibrations doubles du diapason.

Dans ces derniers temps, M. Mercadier a modifié l'appareil en employant pour interrupteur un gros diapason, actionné lui-même par le courant.

Nous avons là un archet électrique, comme dit M. Lissajous, qui donnera un son aussi soutenu que nous voudrons.

Maintenant supposons que l'on dispose devant un de ces diapasons en vibration un tuyau d'une grandeur convenable pour pouvoir vibrer d'accord avec lui et faisant l'office de résonnateur ; en disposant devant son ouverture un opercule susceptible de la faire varier on pourra régler à son gré l'intensité du son. Ce son renforcé sera très-pur, car les sons partiels du diapason varient suivant la loi du carré des nombres du son fondamental, et ceux qui répondent à la longueur du tuyau, varient comme la série des nombres impairs. Le son principal sera donc toujours considérablement renforcé, pendant que les sons partiels seront éteints.

Maintenant, que l'on dispose dix appareils de ce genre qui donnent la série des sons partiels, tous actionnés par le même diapason, donnant le son fondamental, qui règle et entretient les mouvements de tous les diapasons.

A l'aide de touches correspondant aux opercules, on règle l'intensité des sons purs que l'on veut composer. Or, si tous les opercules ferment les tuyaux résonnateurs, il n'y a pas de sons sensibles à une faible distance, quand tous les diapasons vibrent. — Mais aussitôt que l'on fait mouvoir les touches on obtient des sons simples ou composés, dont on règle la composition comme on le désire.

On a aussi cherché à analyser directement un son quelconque par la méthode graphique, en utilisant la propriété qu'ont les membranes légèrement tendues, de vibrer presque indifféremment sous l'influence de toutes espèces de vibrations.

C'est sur ce principe que M. Kœnig, sur les indications de M. Scott, a construit son phonotographe.

Un large cornet parabolique massif concentre sur une membrane armée d'un léger stylet, toutes les ondes sonores de l'extérieur ; elles viennent alors tracer sur un cylindre tournant enfumé, une courbe, dont la complexité est généralement trop grande, pour se prêter à une analyse fructueuse.

Voici une expérience qui permet de faire l'analyse et la sytnhèse d'un son, et qui est aussi instructive que facile à repéter.

On enlève à un piano droit sa paroi antérieure, et on rend libres toutes ses cordes en enlevant le sommier qui porte les marteaux et les étouffoirs.

Puis, se plaçant devant le piano, on donne une note en la soutenant un peu. Les cordes vibrent alors par résonnance, et le son est renforcé.

Mais lorsque la voix cesse, on continue à les entendre. On est frappé d'entendre les cordes vibrer en imitant la voix ; elles répètent la voyelle émise, ou le son propre de l'instrument que l'on aurait fait résonner. Cet effet est une conséquence forcée de l'étude de la résonnance et du timbre que nous avons faite. Il faut seulement remarquer que le piano a d'abord fait l'analyse du son, et que chacune de ses cordes en émettant le son dans l'air, a produit le son complexe résultant, par synthèse.

Il existe dans les jeux d'orgue, un exemple bien connu des sons complexes, ce sont ceux de *fourniture*. On les obtient en faisant vibrer plusieurs tuyaux à la fois. Il en résulte un son unique, mais complexe, d'un timbre tout spécial, comparable à celui de certains instruments de cuivre.

Timbre.

Nous pouvons maintenant comprendre facilement en quoi consiste le *timbre*, nous n'avons pour ainsi dire qu'à reprendre la question générale de la théorie mécanique des sons pendulaires et périodiques au point où nous l'avons laissé pour acquérir les connaissances générales et particulières, indispensables à la théorie physique de l'audition.

Nous le savons déjà, la complexité du mouvement vibratoire a pour résultat sensitif, la qualité auditive spéciale du timbre.

Cette question avait été souvent étudiée, mais c'est Helmholtz qui l'a le mieux analysée.

Le P. Mersenne, (1) et Descartes (2) savaient qu'une corde pouvait rendre plusieurs sons à la fois; mais ils n'en connaissaient ni la cause, ni les rapports avec l'audition.

Sauveur (3) connaissait très-bien le fait de la production des sons partiels. Ce fut même lui qui donna le nom d'*harmoniques* aux sons qui font 2, 3, 4 fois plus de vibrations que le son fondamental.

(1) Harmonie universelle, 1636, Paris.

(2) Epistola.

(3) Sauveur, l'un des fondateurs de l'acoustique, fut muet jusqu'à cinq ans, et resta toute sa vie un peu sourd.

Dès 1700, il décrit ainsi le phénomène de la coexistence des sons partiels ou résonnance multiple : « Une corde de clavecin étant pincée, outre le son fondamental, on entend encore en même temps, quand l'oreille est fine et exercée, d'autres sons plus aigus que celui de la corde entière, produits par quelques-unes de ses parties qui se détachent en quelque sorte de la vibration générale, pour faire des vibrations particulières. Cette complication des vibrations se peut concevoir par l'exemple d'une corde attachée par les deux bouts et lâche comme celle des danseurs. Car, tandis que le danseur de corde lui donne un grand branle, il peut avec sa main donner deux branles particuliers aux deux moitiés. »

« Aussi chaque moitié, chaque tiers, chaque quart d'une corde a ses vibrations à part, tandis que se fait la vibration de la corde entière. C'est la même chose d'une cloche, quand elle est fort bonne et harmonieuse. »

Vingt-cinq ans plus tard, Rameau base sur ces sons surajoutés une théorie musicale, et les découvre dans la voix. Mais ce fut surtout Bernouilli (1) qui donna une théorie et des explications satisfaisantes. Depuis, plusieurs savants ont repris la question, et parmi eux ou peut citer spécialement Lagrange (2) Matthey .Young (3) et Monge (4).

L'existence de ces sons partiels est le résultat des lois qui régissent le nombre des vibrations de chaque et corps sonore.

(1) Mémoire de l'Académie de Berlin, 1753 et 1765.
(2) Miscel. Taurinensa, t. I et II.
(3) Enquiry into the principal phœnomena of sounds and musica Strings.
(4) Note de M. Résal à l'Académie des sciences. Comptes-rendus, 1874, t. LXXIX, p. 821.

Une corde, un tuyau, n'est suceptible de vibrer qu'en se fractionnant en un certain nombre de parties qui soient compatibles avec les nombres des vibrations des sons partiels émis. Ainsi une corde d'une longueur donnée ne peut émettre que la série des sons partiels, dont les nombres des vibrations sont comme la série naturelle des nombres 1, 2, 3,..... Si ces sons partiels coexistent, il faut donc qu'elle se divise en 1, 2, 3,... parties aliquotes. Et alors pendant que la corde, vibrant dans son ensemble, donnera le son fondamental, chacune de ses parties subdivisées donnera les notes correspondantes à sa longueur.

Alors et comme nous l'avons vu, la position résultante pour chaque molécule, s'obtiendra en ajoutant aux instants correspondants, les différentes vitesses appartenant à chacun de ces mouvements propres. Nous avons vu qu'il en résultait un mouvement régulièrement périodique. Or une corde pouvant se diviser différemment, on voit qu'elle pourra donner naisance à plusieurs modes de mouvements vibratoires complexes.

Deux, trois mouvements vibratoires peuvent coexister et même davantage. Le même raisonnement s'appliquérait aux tuyaux sonores.

On voit donc qu'en réalité ces mouvements pendulaires élémentaires que nous avons considérés théoriquement, ont une signification tout à fait réelle; chacun d'eux ayant son individualité et son existence propre. L'existence propre des ondes sonores qu'elle émet n'est pas moins réelle; on peut la faire ressortir en modifiant un peu l'expérience des flammes manométiques de Kœnig. — On fait arriver à un seul bec, tous les

tuyaux correspondants aux divers résonnateurs. — Si
on produit un son pur, la flamme oscillera comme
nous l'avons dit, et son image paraîtra dentelée en venant se refléter dans le miroir tournant. Qu'on fasse
résonner plusieurs sons, la flamme manométrique sera
influencée par chaque résonnateur. Mais tous venant
dans la même caisse manométrique, il est clair que la
flamme répondra à la somme de tous ces mouvements
simultanés, et on la verra se denteler périodiquement
de la même façon, mais avec une série de petites dentelures intermédiaires entre chaque période.

Il est très-important de vérifier, si nos sensations auditives répondent à l'ensemble de nos déductions théoriques. Dès le commencement de cette étude, nous avons vu
que tout mouvement vibratoire correspondant à un son
musical pouvait toujours, au point de vue mécanique,
être remplacé par un certain nombre de vibrations pendulaires ou simples. — Nous avons vérifié expérimentalement, par analyse et par synthèse, que ces sons élémentaires avaient une existence réelle. — Nous savons
que la loi expérimentale et sensorielle de Ohm veut
que les vibrations pendulaires soient seules capables de
donner la sensation auditive d'un son simple ou élémentaire.

D'après l'ensemble de ces considérations, on ne pré-
voit pas comment l'oreille pourrait percevoir une différence de phase dans les deux mouvements pendulaires,
constituants ; quelle que soit cette différence, les mouvements pendulaires primordiaux et constituants restant
les mêmes, l'effet mécanique (Fourier) et auditif (Ohm) ne
peuvent varier.

Et cela malgré les variétés infinies des vitesses aux différents instants de la durée de la période qui reste constante, et dont on a l'image par les courbes graphiques de ces mouvements.

L'expérience consistant à rechercher si oui ou non cette différence de phase pouvait être perçue par l'oreille est donc capitale.

C'est encore M. Helmholtz qui l'a résolue avec ses diapasons synthétiques.

L'expérience est très-facile et concluante, il suffit de modifier l'ouverture du tuyau sonore résonnateur pour modifier la différence de phase entre la vibration du tuyau résonnateur et celle du diapason ; à l'aide du mécanisme de touche et de couvercle que nous avons indiqué, rien n'était plus facile. Mais comme en variant l'ouverture, on fait également varier l'intensité, on changeait la distance du diapason au tuyau de manière à empêcher cette intensité de varier.

Or, l'expérience a confirmé la loi théorique, et a démontré que *quelle que soit la phase, le timbre d'un son musical ne dépend que du nombre et de l'intensité des sons partiels.*

L'ensemble de toutes ces théories et expériences, confirme les opinions de Ohm et montre que Seebeck (1) était dans l'erreur. Ce dernier prétendait à la suite d'expériences insuffisantes et incomplètes que, lorsqu'un son est formé de plusieurs sons simples, une partie de l'intensité des harmoniques se fond avec celle du son fondamental qu'elle renforce, et que le peu qui en reste produit encore la sensation d'un harmonique.

____

(1) Annales de Poggendorff, vol. LX, LXII et LXIII.

Sans nous étendre sur cette discussion, disons seulement que la question du timbre est une question extrèmement complexes, et que sans doute le dernier mot n'est pas encore dit sur ce sujet.

Jusqu'ici nous n'avons pas parlé des bruits; c'est qu'ils ne supportent, pour ainsi dire pas l'analyse, à cause de leurs multiplicités et de leurs complexités.

Les bruits résultent d'une succession rapide et irrégulière de vibrations se heurtant à chaque instant les unes les autres, et qui donnent des sensations auditives variant à l'infini très-rapidement; — C'est cet ensemble de sensations intermittentes, confuses, irrégulières et plus ou moins violentes qui constitue la sensation de bruit. Un bruit n'est donc pas un son, rigoureusement parlant; pour qu'il y ait son, il faut une série suffisante de vibrations périodiques. Mais on voit aussi qu'il n'y a pas entre les bruits et les sons de limite bien marquée.

La connaissance imparfaite des sons complexes avait, une certaine époque, fait tomber les savants, dans l'exagération de croire qu'un son était toujours complexe. Mais Thomas Young montra par une expérience bien simple, que l'on peut empêcher la production des sons surajoutés.

Il suffit de toucher une corde, même très-légèrement, dans les points où se forment les ventres des sons partiels pour qu'ils disparaissent aussitôt. Une barbe de plume suffit à cet objet.

Leur existence n'était donc pas nécessaire pour celle du son.

Depuis longtemps, la pratique avait appris aux facteurs de pianos, qu'un son devient plus agréable à l'oreille, lorsque la corde est frappée au septième et au neuvième de sa longueur. Et en effet, ils empêchent par là la formation des septième et neuvième sons partiels, qui sont en dissonnance avec le son fondamental.

Nous avons vu que ces sons partiels se traduisent à notre oreille par une sensation auditive, agréable ou *harmonieuse*. Toutefois, ils peuvent quelquefois donner une *dissonnance* désagréable; ce qui a lieu en particulier avec le septième son partiel.

Tous ces sons surajoutés à la note fondamentale lui donnent un caractère qu'Helmhóltz appelle *musical*, indiquant ainsi qu'un son ne devient agréable et harmonieux pour l'oreille, que s'il est riche en harmoniques.

La périodicité rhythmique, résultante mais complexe, donne alors cette sensation calme, uniforme et variable qui nous plaît.

Par sa méthode de synthèse, avec ses diapasons soumis à l'archet électrique, il a pu reproduire la plupart des timbres des divers instruments, tels que le son du cor, de la clarinette, et même des jeux d'orgues; il n'y manquait que l'espèce de sifflement, qui leurs sont propres.

Si nous pouvions étudier les timbres de chaque instrument, nous verrions que le caractère spécial de chacun d'eux provient de ce qu'ils donnent plus spécialement certains harmoniques.

Une corde rend des sons partiels différents, suivant la manière dont elle est frappée, pincée, ou frottée avec l'archet. Les violonistes le savent bien, et ils modifient les qualités de leurs sons par la manière d'attaquer et de soutenir leurs notes. Une corde pincée donne des sons harmoniques plus élevés qu'avec l'archet, et ce sont tous ces harmoniques du sixième au dixième, qui lui donnent ce mordant presque aigu que l'on trouve dans la guitare.

On peut résumer comme il suit l'ensemble des recherches de M. Helmholtz, sur les rapports qui existent entre la nature des différents sons complexes et celle de leur timbre, en employant forcément les expressions consacrées en musique :

1° Les sons des instruments de musique ne sont jamais simples ;

2° Les sons à peu près simples comme ceux des diapasons, flûte, etc., présentent beaucoup de charme et de douceur, mais ils manquent d'énergie, et sont sourds dans les régions graves ;

3° Les sons accompagnés de leurs harmoniques jusqu'au sixième, sont pleins, riches, fournis et parfaitement harmonieux : tels le piano, les tuyaux ouverts de l'orgue, et les sons faibles de la voix et du cor ;

4° Si les harmoniques impairs existent seuls comme dans les tuyaux bouchés de l'orgue, la clarinette, etc., le son devient nasillard ;

5° Le son devient aigre, dur et mordant, s'il contient des harmoniques assez forts au-dessus du 6ᵉ.

Les sons forts de la voix humaine sont, dans ce cas, et surtout ceux des sons intenses des instruments de cuivre ou bien à anche (hautbois, basson).

6° Si le son fondamental domine, le son est plein ; il semble vide, au contraire, si les harmoniques dominent relativement.

7° Enfin, les sons de divers instruments sont souvent

accompagnés de certains bruits et de certains sifflements qui donnent un caractère propre à chaque instrument, tels que les frottements irréguliers d'un archet
et les sifflements des orgues. — Quel que soit l'intérêt
de ces bruits et sons irréguliers dans la voix humaine,
ils sont encore mal déterminés.

Voix.

Si les différentes notés de même hauteur des divers
instruments ne diffèrent les unes des autres que par des
notes surajoutées, nous sommes amenés à penser qu'il
doit en être de même dans la voix humaine, malgré l'impression toute particulière qu'elle nous donne.

C'est, en effet, ce qui ressort de l'ensemble des études
faites sur ce sujet, par de nombreuses observations ;
telles que celles de Willis, Wheatstone, Donders, Du
Bois-Reymond (1) et spécialement Helmholtz.

Les harmoniques de la voix humaine sont beaucoup
plus difficiles à distinguer directement par l'oreille que
pour les instruments. Cependant Rameau, dès le commencement du siècle dernier, avait reconnu leur existence.

Willis cherchait à obtenir des sons analogues à ceux
de la voix en disposant, au-dessus de tuyaux à anche
des tubes de différentes longueurs.

Il fit aussi des expériences avec une roue dentée,

(1) Norddeutsche Zeitchrift.

dont les dents venaient frapper contre un ressort flexible, avec une grande rapidité.

Il se produisait alors deux sons simultanés principaux. — L'un provenait de la roue, qui venait successivement frapper le ressort et dépendait de la vitesse de la roue; l'autre dépendait de la longueur du ressort. — En faisant varier la longueur des ressorts et la vitesse de la roue, il pouvait donc combiner des sons qui ressemblaient à la voix. — Donders en a étudié le chuchottement. Enfin, Helmhotz en a fait l'analyse et la synthèse.

Il a pu, avec ses diapasons reproduire les principaux sons qui caractérisent la voix et faire entendre distinctement toutes les voyelles et, en particulier, A, E, OU. Il n'a pu reproduire l'*é* et l'*i*, parce que la série de ses diapasons était insuffisante. Toutefois, il manquait le sifflement et le tremblotement irrégulier qui caractérisent surtout certaines voix.

Il a aussi fait connaître des expériences bien curieuses, et qui montrent bien l'importance de la résonnance dans la voix. Il approche de la bouche et des lèvres, disposées comme s'il allait prononcer une voyelle, une série de diapasons en vibration. — Aussitôt que le son d'un diapason trouve moyen de donner son accord par la résonnance des cavités buccales, celles-ci renforcent les sons qui lui sont propres et on entend la voyelle provenant en réalité d'un diapason. L'expérience est saisissante, et elle rend bien compte de ce fait, que chaque voyelle a son cachet particulier. — Pour une voyelle donnée, quelle que soit la hauteur de la note chantée, les dispositions de la bouche se trouvant à peu près les

mêmes, il y aura toujours les mêmes sons fixes renforcés.

Le son caractéristique de l'*ou* est *fa*$_1$. Pour l'*é*, ce sera
fa$_4$ et *sol*$_3$. Si on chante le *mi*♭$_0$ sur la lettre A, le *si*♭$_3$
sera renforcé (11e harmonique); si ce son est chanté sur
si♭$_2$. ce sera encore le *si*♭$_3$ qui sera renforcé.

Ainsi, ce qui différencie les instruments ordinaires
de la voix, c'est que ceux-ci renforcent toujours les sons
partiels du même rang, tandis que dans la voix, la note
qui est renforcée est à peu près fixe et ne varie pas
avec la hauteur de la note émise.

Il doit résulter de là, et c'est ce que confirme l'expérience, que certaines voyelles seront affaiblies ou ren-
forcées plus ou moins, suivant la hauteur de la note
elle-même.

Mais alors, comment se fait-il qu'une note plus élevée
que celle qui correspond à la résonnance buccale, puisse
être émise ?

Il y a là une difficulté : on admet alors que c'est
l'un des harmoniques de la résonnance buccale qui est
renforcé, au lieu du son fondamental.

Mais il faut ajouter que les résultats des divers expé-
rimentateurs sont très-différents, et, en particulier, les
tableaux qu'en ont donné Helmholtz, Donders, Kœnig,
ne coïncident pas.

Toutes ces recherches délicates ne sont encore qu'é-
bauchées. — La complication des mouvements vibratoires de la glotte, d'une part, celle non moins grande
de la forme de la cavité buccale, rendent ces phénomènes très-complexes.

Les consonnes sont le résultat d'une espèce de bruit

explosif et de sifflement qui accompagnent l'émission de la voix, et qui lui donnent un caractère tout particulier.

Sons résultants.

Dans toute notre théorie, nous avons admis, comme rigoureuse, la loi de la superposition des petits mouvements vibratoires.

En sorte que, nous pouvions toujours composer les vitesses de ces petits mouvements et obtenir leur résultante à un mouvement donné, soit par le calcul, soit géométriquement. Mais cette loi de la superposition des petits mouvements suppose qu'ils sont infiniment petits.

En réalité, on peut sans erreur sensible, l'appliquer dans la plupart des cas des vibrations sonores.

Celles-ci sont tellement petites (par rapport aux dimensions des corps élastiques, qu'elles peuvent être considérés comme infiniment petites. Ces variations locales des densités des corps sonores sont si petites qu'elles ne font pas varier sensiblement la masse du corps lui-même.

Mais on voit que ce n'est là qu'une approximation. Dès lors, cette loi est applicable pour de très-petits mouvements vibratoires, ne l'est plus, pour peu que ceux-ci soient un peu étendus. Les sons un peu intenses devront donc donner naissance à d'autres phénomènes mécaniques, qui se traduisent particulièrement par des *sons résultants.*

Ils furent découverts (1740) par un organiste allemand, Sorge (1), et quelques années plus tard, Tartini (2), en fit la base d'un système musical. de là, le nom qu'on leur donne souvent de sons de Tartini; mais sa théorie est si obscure, que d'Alembert déclare n'y avoir rien compris.

M. Helmholtz en distingue deux sortes : les uns que Sorge et Tartini avaient découverts et qu'ils nomment *différentiels*, sont caractérisés, par ce fait qu'ils ont autant de vibrations que la somme des deux sons primitifs, et les autres qu'il a découverts et nommés *additionnels*, sont caractérisés par un nombre de vibrations égal à la somme des sons primaires.

On distingue facilement les sons résultants des harmoniques qui accompagnent les sons primaires. — Il suffit, en effet, de cesser de faire vibrer l'un des tuyaux pour qu'aussitôt les sons résultants cessent; tandis que les harmoniques des tuyaux vibrants persistent.

M. Helmhotz a prouvé par une analyse mathématique complète que ces deux sortes de sons devaient exister, et avec ses résonnateurs, il en a prouvé l'existence objective.

Mais ce n'est pas tout : il est évident que les harmoniques des sons primaires vont pouvoir réagir les uns sur les autres et donner ainsi d'autres sons résultants.

— Dès lors, on conçoit que théoriquement le nombre des sons peut être considérable. — Mais l'intensité des sons résultants décroît très rapidement avec celles des

(1) Auweisung zur Stimmung der Orgel Wercke und des Klaviers, 1744.
(2) Trattato di musica, 1754.

sons primaires: aussi n'entend-on ces sons résultants de second ordre que si les harmoniques ont une certaine intensité.

En réalité, on entend très-facilement les sons résultants provenant des sons simples primaires. — Ce sont les sons différentiels que l'on perçoit le plus facilement.

On les rend très-intenses en choisissant deux sons d'un intervalle juste et de moins d'une octave, par exemple, une tierce majeure. — On produit d'abord le son grave, puis le son élevé; au moment où la note aiguë est produite, on entend un nouveau son grave : c'est le son résultant.

Pendant longtemps, on a confondu ces sons résultants avec les battements; nous allons voir bientôt que ce sont là des phénomènes très-différents.

On pensait qu'ils n'avaient pas d'existence objective, et l'on disait que c'était notre oreille qui les produisait. — Mais M. Helmholtz fait remarquer : 1° Que l'on ne pourrait expliquer ainsi que les sons différentiels et non, les additionnels; — 2° Que les résonnateurs démontrent leur existence ; 3° Qu'ils donnent une sensation simple et définie, et nous savons que les sons pendulaires seuls, sont capables de causer cette sensation.

Ces phénomènes de sons résultants sont surtout très-sensibles dans sirène-polyphone de Dove, où la même masse d'air se trouve en prise avec les deux séries de trous. On obtient alors un son dur et désagréable; ce qui provient de ce qu'en général, les sons résultants sont dissonnants, — heureusement, que dans les instruments ordinaires ils sont très-faibles.

Il faut ajouter que l'on ne peut pas toujours prouver l'existence objective des sons résultants qui se sont produits dans l'air et qu'il est bien probable même que, dans ce cas, c'est l'oreille qui les produit le plus souvent.

Helmholtz admet alors que, si ces sons, qui n'existent pas dans l'air, se produisent ; cela provient, sans doute, de ce que leur existence est créée par les diverses parties de l'oreille, et particulièrement, le tympan ; à ce moment donc, ils deviennent objectifs.

Battements.

Quand deux notes sont émises simultanément, et qu'elles ne sont pas parfaitement d'accord, il se produit le phénomène auditif connu sous le nom de *battement*, caractérisé par des renforcements et diminutions successives de l'intensité du son. On nomme *coup* ces maximums périodiques.

Le phénomène objectif est facile à comprendre : soit par exemple un corps faisant cent vibrations simples par seconde, et un autre ayant même intensité, mais faisant cent-deux vibrations simples. Supposons qu'elles commencent à vibrer au même instant : Les vitesses qu'elles impriment aux particules de ce milieu ambiant s'ajouteront. Mais bientôt, le corps qui fait le plus de vibrations, gagne de vitesse sur l'autre et au bout d'une demi-seconde, il a fait 51 vibrations quand l'autre n'en a fait que 50. A ce moment les vitesses sont en désaccord, complet ; l'un des corps produira une impulsion pendant que l'autre donne une apulsion.

Mais, celui qui va le plus vite, gagnant toujours de vitesse, arrive au bout d'une seconde à être de nouveau. d'accord, en sorte que l'on voit, que, toutes les secondes, ces vitesses deviendront nulles et maxima; il y aura un éclat et l'oreille sera violemment choquée ; l'instant d'après le son cessera. Cette alternative fréquemment répétée est extrêmement désagréable à l'oreille.

Notre résonnement nous fait voir ainsi que le nombre des battements est égal à la différence des nombres de vibrations doubles des sons qui leur ont donné naissance.

Sauveur a le premier étudié le phénomène des battements, et en avait pressenti la cause ; car il dit : « Le son des deux tuyaux ensemble doit avoir plus de force quand leurs vibrations après avoir été quelque temps séparées, viennent à se réunir et s'accordent à frapper l'oreille d'un même coup. »

Il avait aussi trouvé la loi que nous venons de citer, et s'en est même servi pour déterminer le nombre absolu des vibrations de deux notes. Il appréciait à l'oreille l'intervalle musical a qui le sépare. On a alors en appelant x et y les nombres absolus des vibrations et en connaissant la différence n de ces nombres :

$$\frac{x}{y} = a \qquad\qquad x - y = n$$

d'où l'on tire x et y,

C'est encore aujourd'hui par un procédé analogue que les facteurs d'orgues accordent leurs tuyaux. Les

battements et les différentiels sont très-sensibles à l'o-
reille, et M. Kœnig a pu accorder un ut_9 de 32,000 vibrations avec un $ré_9$ de 36,000 vibrations, par son différentiel qui est l'ut_6 de 4,000 vibrations. Il pense
même qu'il est possible d'accorder à leur aide des diapasons dont le son est trop aigu pour être perçu par
l'oreille.

M. H. Scheibler, manufacturier en soierie, est celui qui
a le plus contribué à vulgariser l'emploi de la méthode
des battements. Il construisit malgré de très-grandes
difficultés pratiques, une série de 56 diapasons éche-
lonnés et embrassant une octave, et dont la différence
du nombre des vibrations simples était par conséquent
de 8 vibrations simples. C'est le tonomètre, qui aujour-
d'hui est construit couramment par M. Kœnig et dont les
65 diapasons embrassant l'octave servent actuellement
aux facteurs de pianos. Généralement l'oreille frappée
par les battements les distingue très-nettement. Ils
peuvent même devenir si rapides qu'il est impossible
de les compter alors qu'ils donnent encore des sensations
séparées très-nettes sur l'oreille. M. Helmholtz dit qu'il a
pu en distinguer 132 à la seconde, entre le si_5 et l'ut_6.

Mais à la condition de s'habituer à les distinguer en
partant de battements lents et facilement perceptibles.
D'ailleurs cette faculté de perception varie avec la hauteur des notes considérées.

Ce fait de la perception d'un aussi grand nombre de
battements est en contradiction avec l'opinion d'un
certain nombre d'auteurs qui confondent le phénomène
des battement et celui des sons résultants, et leur attri-
buent une seule et même cause.

Telle est l'opinion de Thomas Young. Il pense que par la succession rapide, ces battements se confondent bientôt dans l'oreille qui les fusionne en constituant le son résultant. Ce qui semble tout d'abord donner raison à Young, c'est que le nombre des battements et celui des sons résultants différentiels, sont chacun donnés par la différence des nombres des vibrations des sons composants. Mais alors comment se fait-il que 132 vibrations puissent êtré distinguées et séparées les unes des autres, quand déjà il suffit de 60 ou 70 vibrations pour qu'il soit impossible de distinguer autre chose qu'un son. D'ailleurs il y a là deux phénomènes totalement différents dans leurs essences. Les battements résultent de l'interférence momentanée de deux vibrations, qui se composent comme toutes les vibrations pendulaires, et que dès lors l'oreille analyse. C'est un phénomène subjectif qui n'est sans doute limité que par la persistance des impressions auditives; il est éminent désagréable dans sa perception même.

Trente à quarante battements par seconde donnent une espèce de grincement; mais iln'y a là rien d'absolu, et cette impression varie avec la hauteur des sons.

Helmholtz leur fait jouer un rôle considérable dans la musique; pour lui, cette sensation agréable ou désagréable, que l'on appelle consonnance ou dissonnance, proviendrait tout entière de l'absence ou de la présence des battements. Nous chercherons bientôt quelle peut être la raison physiologique de ce fait.

Le son résultant a une existence propre, individuelle et objective, et est le résultat non plus de la composition des deux vibrations pendulaires comme pour les battements, mais au contraire, de deux vibrations *non pendulaires*, qui donnent naissance à une vibration pendulaire. Celle-ci, comme toutes les vibrations pendulaires suffisamment rapides, est alors perçue comme telle par l'oreille.

Si on emploie des sons complexes comme ceux que fournissent généralement les instruments de musique, les phénomènes de battements et de sons résultants, vont se compliquer. Outre les battements dus aux sons fondamentaux, les harmoniques, en se combinant deux à deux, pourront en donner d'autres.

Mais il pourra aussi y avoir des sons résultants : ceux-ci pourront se combiner avec les différents harmoniques ; aussi entend-on quelquefois des battements, alors que les sons semblent trop éloignés pour pouvoir battre, par exemple entre deux sons, donnant une octave fausse. Exemple : 100 et 201 vibrations donneront le son-résultant différentiel 101, qui pourra battre aussi avec le son le plus grave 100.

Toutes ces expériences se font commodément à l'aide de la sirène double d'Helmholtz.

Pythagore, qui semble n'avoir été que l'interprète des idées des prêtres égyptiens du temps, n'ignorait pas que le son ne devient harmonieux que dans le cas des rapports simples des vibrations. *Tout n'est que nombre et harmonie* était la loi et la science pytagoricienne.

Euler (1) a cherché à défendre ces idées scientifiquement ; enfin M. Helmholtz, reprenant d'une part les idées

(1) Tastamen novæ théoriæ musicæ. Petropoli, 1739.

de Rameau et d'Alembert (1), et d'autre part celles de Tartini (2), a basé toute une théorie musicale, sur l'absence ou la présence des battements. Il a soumis cette théorie au double contrôle de l'analyse mathématique et de l'expérience, et l'a rendue séduisante. On comprend en effet que des phénomènes mécaniques puissent donner naissance à d'autres phénomènes secondaires, et que ces différents mouvements puissent impressionner l'organe de l'ouïe très-différemment. Elle pourra alors trouver un charme tout particulier dans l'ensemble de mouvements aussi régulièrement rhythmé que celui du mouvement pendulaire, et au contraire être désagréablement impressionné par toute saccade qui l'irrite et l'énerve comme dans le cas des battements ; il resterait à rechercher la cause de la mélodie, dont les lois semblent différentes, mais dont l'étude appartient jusqu'ici bien plus à l'état musical qu'à la science.

Théorie physiologique.

Nous terminons cette étude en cherchant à relier les phénomènes mécaniques extérieurs à ceux qui peuvent et doivent se produire dans l'oreille.

(1) Eléments de musique, suivant les principes de Rameau, par d'Alembert. Lyon, 1762.

(2) Traité d'harmonie, 1754.

Par sa disposition anatomique, le pavillon de l'oreille concentre les sons vers l'axe du conduit auditif externe et les renvoie vers la membrane du tympan qui est mise en vibration, après avoir été frappée dans une direction oblique. L'inclinaison du pavillon est en rapport avec la finesse de l'ouïe. D'autre part, un certain nombre de vibrations sont absorbées par les parois du conduit auditif externe et viennent aborder la membrane tympanique par sa périphérie. Les saillies et les anfractuosités du pavillon ont été regardées comme destinées à nous faire connaître l'origine et la direction des sons. (Schneider). La membrane du tympan avec les muscles qui la font mouvoir et les osselets qui leur servent de leviers, peut être considérée comme l'organe accommodateur du sens de l'ouïe.

Les expériences de Savart et de Muller, ont montré que l'amplitude des vibrations propagées par une membrane est en raison inverse de la tension, et que le nombre des différentes espèces est proportionnelle à celleci. Il en résulte, contrairement à l'opinion de Bichat, que c'est en se relàchant que la membrane du tympan défend l'oreille interne contre les ébranlements trop brusques et trop intenses.

Après avoir traversé le tympan, le son suit trois voies pour se rendre à l'oreille interne. Les unes lui sont transmises par les parois de la caisse ; les autres par l'air qu'elle contient, et viennent frapper la membrane de la fenêtre ronde ; les dernières, les plus nombreuses, et les plus intenses, suivent la chaine des osselets et parviennent à la membrane de la fenêtre ovale, sur laquelle repose la base de l'étrier. De nombreux faits pathologiques ont montré que l'intégrité de la chaîne des osselets et de la membrane du tympan, n'est pas indispensable à l'exercice de l'ouïe. Il en est autrement de l'étrier dont l'arrachement ouvre la fenêtre ovaie et arrête la transmission du son. La voie des osselets, est de beaucoup la plus importante, et quelques auteurs ont nié la transmission par la fenêtre ronde ; Ils considèrent cette membrane comme destinée à permettre les oscillations vibratoires du liquide du labyrinthe. Ce liquide étant incompressible et trouvant dans les parois du rocher une résistance considérable, ne peut prendre un mouvement oscillatoire que grâce aux membranes élastiques qui limitent une partie de cette cavité. Il est donc probable que le rôle de la fenêtre ronde est de permettre au liquide intérieur d'effectuer ces mouvements qu'elle reçoit de la fenêtre ovale, et de permettre par là leur transmission aux éléments anatomiques que baigne le liquide Labyrintmique.

Si les communications des vibrations ne peuvent s'effectuer par l'oreille externe et moyenne, elles peuvent encore être propagées par les parties osseuses du crâne.

Les cliniciens ont retiré de cette propriété un caractère diagnostique important pour distinguer la surdité par lésion de l'oreille externe ou moyenne, de celle qui est symptomatique d'altérations des parties centrales ou périphériques du système nerveux auditif. La communication du mouvement vibratoire par les parois osseuses peut être mise en évidence par diverses expériences. Le tic-tac que fait une montre n'est nullement entendu si on la met dans la bouche sans lui faire toucher les parois.

Au contraire on l'entend très-nettement si on la serre entre ses dents.

On peut varier l'expérience de la façon suivante : on passe une corde autour de la tête et on suspend une cuiller à l'une de ses extrémités ; si on la frappe on entend un son d'une très-grande intensité, quand bien même les oreilles seraient bouchées avec de la cire molle.

Le conduit auditif externe peut aussi agir comme un résonnateur, si les longueurs d'onde sont d'une petitesse suffisante. C'est sans doute là, la cause de la sensation spéciale qui se produit avec des sons tels que ceux du mi_5 au sol_5. Réciproquement, tout obstacle à cette propagation diminue considérablement l'intensité auditive. Aussi un simple tampon de coton, suffit-il pour s'opposer presque complètement à l'audition. Muller et les frères Weber pensent que la transmission des sons s'effectue aussi par les parois osseuses et cartilagineuses de ce conduit.

Les cellules mastoïdiennes ont été regardées comme une caisse de renforcement. Longet les considère comme un artifice pour agrandir la cavité tympanique et y rendre moins sensibles les variations de pressions. La trompe d'Eustache ne sert pas à uniquement à nous faire entendre le son de notre propre voix ; habituellement fermée par l'adossement de ses parois, elle devient perméable pendant les mouvements de la déglutition et permet le renouvellement de l'air dans la caisse. Aussi les mouvements de déglutition sont-ils plus fréquents pendant les ascensions sur les montagne élevées, et la surdité est-elle la conséquence de l'augmentation de

pression extérieure ou intérieure qui s'exerce sur la membrane du tympan pendant les ascensions aérosta-
.tiques ou l'immersion dans l'eau à de grandes profon -
deurs. Parvenu l'oreille interne par les fenêtres rondes et ovales et par les parois du labyrinthe osseux, les vibrations viennent à affecter d'une part, les terminaisons des nerfs vestibulaires et de l'autre celle des nerfs limacéens. Au niveau des crêtes acoustiques, on trouve au milieu de l'épithelium cylindrique qui les recouvre, des cellules fusiformes présentant un prolongement externe en forme de bâtonnet et un prolongement profond probablement en rapport avec les nerfs afférents. A la surface des crêtes se trouvent des cristaux microscopiques de carbonate de chaux, constituant une poussière blanchâtre à laquelle Brechet a donné le nom otoconie.

Ces terminaisons nerveuses décrites par Schültzé présentent une remarquable analogie avec celle des autres nerfs sensoriels. L'organe de Corti se compose de piliers dont les extrémités libres sont réunies et dont la base élargie et pourvue d'un noyau repose sur la membrane basilaire. Ces arcades sont parallèles entre elles et sont étagées au nombre de 3,000 sur toute la longueur de la partie fibreuse de cette membrane. Le nombre des piliers internes est à celui des piliers externes dans le rapport de 2 à 1, de sorte que les espaces qui séparent les piliers externes sont plus larges que ceux qui séparent les piliers internes. Ils contiennent des cellules dont la relation avec les divisions nerveuses limacéennes est probable pour Schültzé bien qu'elle n'ait pas été constatée d'une façon certaine.

Pour Helmholtz les terminaisons vestibulaires sont affectées à la perception des bruits — le rôle des otolithes n'est pas encore bien connu.

M. Helmholtz pense que chacune des fibres de Corti est accordée pour une note différente, comme le sont celles d'un piano ou d'une harpe. — Chacune d'elles ne peut donc vibrer que sous l'influence d'un mouvement déterminé et leur ensemble répond aux limites de la perceptibilité des sons.

S'il en existe 3,000 pour une étendue musicale de 7 octaves, chaque octave contenant 12 demi-tons, on voit qu'il y aura environ 35 fibres pour répondre à la hauteur d'un demi-ton, si elles sont également réparties.

Leur rôle se conçoit tout naturellement, chaque fibre vibrerait sous l'influence du son simple pour lequel elle serait constituée.

L'impression qu'elle transmettrait serait unique, définie et toujours la même. — Enfin elle serait susceptible de vibrer pour un son voisin, mais très-faiblement.

D'après Schültze chacun de ces éléments anatomiques correspond à une division du nerf limacéen, qui se chargera de transmettre l'impression aux centres nerveux.

Si comme cela est nécessaire dans notre théorie, un son simple est susceptible de faire viber deux ou trois fibres contiguës, l'impression sensorielle n'en sera pas moins unique. En effet, nous devons admettre que ces fibres contiguës, constituées pour pouvoir reproduire le mouvement vibratoire extérieur et nous le faire ensuite sentir, doivent produire une sensation simple toujours identique, comme celle du mouvement dont elles procèdent.

Soit maintenant un son complexe arrivant à l'oreille interne. — Il peut toujours, au point de vue mécanique, être décomposé en un certain nombre de vibrations simples ou pendulaires.

Les fibres ds Corti qui correspondent à ces sons simples seront vivement ébranlées, leurs voisines faiblement; à chacun de ces groupes de fibres agitées correspond une sensation unique, qui pourra être perçue séparement, comme aussi par un phénomène psychique toutes ces sensations élémentaires pourront être confondues en une seule. Ainsi, un son complexe sera analysé mécaniquement par les fibres de Corti ; celles-ci pourront, par l'intermédiaire des filets et terminaisons nerveuses, faire à notre gré, l'analyse ou la synthèse psychique de ces divers groupes d'ébranlement, et nous pourrons percevoir chaque son élémentaire ou leur ensemble pour constituer le *timbre*.

Reste à rendre compte des dissonnances.

Nous avons vu que deux sons voisins produisaient un effet mécanique périodique que l'oreille appréciait désagréablement par la sensation du battement. En voici la raison : deux sons voisins, en combinant leurs mouvements, se renforcent et se détruisent périodiquement, suivant que leurs vitesses sont du même sens ou opposées. Deux groupes de fibres contiguës ébranlés périodiquement passeront également par ces maximum et minimum, et au lieu de ressentir cette impression régulière et d'égale intensité qui correspond à des périodes pendulaires d'une égale amplitude, et qui fait partie de leur activité vitale, ils ressentiront une série d'ébranlements, qui se traduiront aux centres nerveux

par une impression pénible et désagréable, comparable
à une série de secousses électriques.

Les oscillations électriques dues aux décharges d'un
condensateur, ou plutôt, celles dues aux interruptions
fréquemment répétées d'un courant d'induction, et
dont on observe l'existence physique, semblent, en
effet, comparables au phénomène des battements par
de fortes oscillations fréquemment répétées et s'étei-
gnant rapidement. Dans l'un et l'autre cas, il y a une
sensation désagréable à laquelle on ne s'habitue pas.
C'est une loi générale physiologique ; on s'habitue à
une sensation continue et prolongée, tandis que les
sensations discontinues et fréquemment répétées nous
fatiguent, et nous sont toujours désagréables.

Dans le cas des sons résultants, les choses se passent
tout différemment. Nous avons vu que, lorsque deux
mouvements [n'étaient [pas pendulaires, ils pouvaient
donner naissance à un troisième son qui était pendulaire.

A ce moment, il y a trois sons pendulaires coexis-
tants, et chacun d'eux agira séparément, d'après sa
nature, sur les fibres de Corti, qui lui correspondent,

Un son résultant peut cependant être perçu par l'o-
reille sans avoir d'existence réelle dans l'air. Mais on
peut comprendre ce phénomène, en remarquant que
les conditions physiques changent lorsque le son arrive
au tympan, et que le son que perçoit l'oreille peut alors
provenir d'un son pendulaire ayant une existence objective.

M. Helmholtz a observé, avec son résonnateur
mis dans l'oreille, un léger renforcement de ce

son résultant. Il 'explique ce fait en l'attribuant à la membrane du tympan qui le produit réellement et qui est alors renforcé par le résonnateur.

On s'est beaucoup occupé de rechercher quelles étaient les limites des sons perceptibles.

Sauveur (1706) admettait pour limite inférieure vingt-cinq vibrations par seconde. — Mais cette limite est beaucoup trop basse. Les facteurs d'orgues construisent des tuyaux de 32 pieds de long, qui donnent 32 vibrations simples par seconde, et d'autres qui, par leur peu de longueur, devraient donner près de 10,000 vibrations. — Mais il est bien probable que, si ces sons existent objectivement, ils ne sont pas perçus par l'oreille, et qu'on prend des sons partiels supérieurs, à la place de ceux dont on recherche l'existence sensorielle.

Pour résoudre cette question, M. Helmholtz emploie une caisse de résonnance, percée d'une petite ouverture. Il y adapte un tube de caoutchouc qu'il introduit dans l'oreille. Il a tendu sur cette caisse une corde, à laquelle il fait traverser une pièce métallique. — Ainsi lestée, elle donne un son très-pur. — Or, en lui donnant une longueur suffisante pour qu'elle fasse 73 vibrations simples par seconde, le son est légèrement ronflant, mais très-faible. — A 61 vibrations, on n'entend rien. Il conclut qu'il faut, au moins, 60 vibrations pour déterminer la sensation auditive, et qu'elle ne devient musicale que pour 80 vibrations. La limite supérieure n'est pas moins difficile à déterminer. Savart concluait de ses expériences, qu'il fallait 33,000 vibrations pour que le son cesse d'être perceptible.

Il existe, à la Sorbonne, des diapasons, dont le son est perceptible, et qui donnent 73,000 vibrations. Mais la cause de ces sons est due à des sons résultants et non aux vibrations elles-mêmes.

D'après Kœnig, on pourrait entendre le son jusqu'à 45,000 vibrations.

Il faut ajouter que cette limite de perception des sons est très-variable avec les individus.

Hensen (1) a fait, sur les organes de l'ouïe des crustacés, des expériences bien curieuses. Chez ces animaux, on distingue de petits sacs demi-fermés, qui contiennent des otolithes nageant librement dans le liquide et surmontés de crins rigides formant une série régulière par ordre de grandeur.

Chez le Mysis, il a pu extirper les sacs contenant les otolithes, tout en conservant à l'animal ses crins rigides.

Enfin, en transmettant au liquide dans lequel ils nageaint, les vibrations d'un instrument, tel que le cor, par un mécanisme comparable à celui du tympan de l'oreille, il a pu, à l'aide du microscope, voir vibrer ces appareils. — Il a constaté que chacun des crins rigides vibrait plus particulièrement pour une note donnée, et qu'il était susceptible de vibrer faiblement pour une note voisine.

Ces expériences de transmission et résonnance, viennent confirmer, d'une façon bien remarquable, la théorie d'Helmholtz.

(1) Etudes sur l'organe de l'ouïe chez les décapodes. Journal de zoologie scientifique de Siebold et de Kœlliker. Bd. XIII.

Paris. — A. PARENT, imprimeur de la Faculté de médecine, rue Monsieur-le-Prince, 31

ANDOUARD. Nouveaux éléments de pharmacie, par ANDOUARD, professeur à l'Ecole de médecine de Nantes. 1874, 1 vol. in-8 de 880 pages avec 120 figures. 14 fr.

BENOIT (E.). Traité élémentaire et pratique des manipulations chimiques, et de l'emploi du chalumeau, suivi d'un dictionnaire descriptif des produits de l'industrie susceptibles d'être analysés 1854, 1 vol. in-8, 444 pages. 3 fr.

BERNARD. Leçons sur la chaleur animale, sur les effets de la chaleur et sur la fièvre. 1876, in-8 avec fig. 7 fr.

BRUCKE. Des couleurs au point de vue physique, physiogique, artistique et industriel, par Ernest BRUCKE professeur à l'Université de Vienne. 1866, 1 vol. in-18 jésus de 344 pages avec 47 fig. 4 fr.

BUIGNET. Manipulations de physique, cours de travaux pratiques professés à l'Ecole de pharmacie, par H BUIGNET, professeur à l'Ecole de de pharmacie, membre de l'Académie de médecine. 1 vol grand in-8 avec 250 figures.

CHEVREUL. Des couleurs et de leurs applications aux arts industriels à l'aide des cercles chromatiques. 1864, in-fo avec 27 planches colorées. Cartonné 35 fr.

FERRAND (E.). Aide-mémoire de pharmacie, vade-mecum du pharmacien à l'officine et au laboratoire. 1873, 1 vol. in-18 jésus de XII-688 pages avec 184 figures. Cartonné. 6 fr.

LEFORT (Jules). Traité de chimie hydrologique comprenant des notions générales d'hydrologie et l'analyse chimique des eaux minérales. *Deuxième édition.* 1873, 1 vol. in-8, 798 pages avec 50 figures et 1 planche chromolithographiée. 12 fr.

MOITESSIER. La photographie appliquée aux recherches micrographiques, par A. MOITESSIER, professeur à la Faculté de médecine de Montpellier. 1866, 1 vol. in-18 jésus, 340 pages avec 30 figures et 3 planches photographiées. 7 fr.

PIESSE. Des odeurs, des parfums et des cosmétiques, histoire naturelle. composition chimique, préparation, recettes, industrie, effets physiologiques et hygiène, par S. PIESSE, chimiste-parfumeur à Londres, édition française, par O. REVEIL, 1865. in-18 jésus de 527 pages avec 86 figures. 7 fr.

POGGIALE. Traité d'analyse chimique par la méthode des volumes, comprenant l'analyse des gaz et des métaux, la chlorométrie, la sulfhydrométrie, l'acidimétrie, l'alcalimétrie, la saccharimétrie, etc., par A.-B. POGGIALE, professeur à l'Ecole du Val-de-Grâce, 1858, in-8 de 606 pages avec 174 figures. 9 fr.

PRUNIER (L.). Etude chimique et thérapeutique sur les glycérines. 1875, in-8 de 64 pages. 1 fr. 50

RASPAIL. Nouveau système de chimie organique, fondé sur les nouvelles méthodes d'observations. *Deuxième édition,* 1838, 3 vol. in-8 et atlas in-4 de 20 planches. 30 fr.

SOUBEIRAN. Nouveau dictionnaire des falsifications et des altérations des aliments, des médicaments et de quelques produits employés dans les arts, l'industrie et l'économie domestique, exposé des moyens scientifiques et pratiques d'en reconnaître le degré de pureté, l'état de conservation, de constater les fraudes dont ils sont l'objet, par J. Léon SOUBEIRAN, professeur à l'Ecole de pharmacie de Montpellier. 1874, 1 beau vol. gr. in-8 de 640 pages, avec 218 figures. Cart. 14 fr.

WALKER. Manipulations électro-typiques ou traité de galvanoplastie. *Septième édition.* 1866, in-18 jésus, XII-184 pages avec fig. 2 fr.

WUNDT. Traité élémentaire de physique médicale, par le docteur WUNDT, professeur à l'Université de Heidelberg, traduit par le docteur Ferd. Monoyer, professeur agrégé à la Faculté de médecine de Nancy. 1871, 1 vol. in-8 de 704 pages avec 396 figures y compris 1 planche en chromolith. 12 fr.

Paris. — A. PARENT, imprimeur de la Faculté de Médecine, rue M.-le-Prince, 31.

www.ingramcontent.com/pod-product-compliance
Ingram Content Group UK Ltd.
Pitfield, Milton Keynes, MK11 3LW, UK
UKHW020928120726
13693UKWH00003B/1189